Chandrashekhar J. Patil
Amol N. Dhake

Síntese, Aplicações de Azo-mofitos

Chandrashekhar J. Patil
Amol N. Dhake

Síntese, Aplicações de Azo-mofitos

de Aminobenzotiazóis com Aromáticos e Hetero-aromáticos

ScienciaScripts

Cover image: www.ingimage.com

This book is a translation from the original published under ISBN 978-620-7-99892-0.

Publisher:
Sciencia Scripts
is a trademark of
Dodo Books Indian Ocean Ltd. and OmniScriptum S.R.L publishing group

120 High Road, East Finchley, London, N2 9ED, United Kingdom
Str. Armeneasca 28/1, office 1, Chisinau MD-2012, Republic of Moldova, Europe
Printed at: see last page
ISBN: 978-620-8-10641-6

Síntese, Aplicações de Azo-mofitos de Aminobenzotiazóis com Aromáticos e Hetero-aromáticos

AMOL N. DHAKE e CHANDRASHEKHAR J. PATIL*
P. G. Research Center, Department of Chemistry, MTES's, Smt. G. G. Khadse College, Muktainagar, Tal. - Muktainagar, Dist. - Jalgaon, M. S. Índia.
(*drcjpatil@yahoo.com)

Dedicado aos pais

RECONHECIMENTO

Os autores agradecem ao Diretor, MTESs, Smt. G. G. Khadse College, Muktainagar, MS, Índia, pelas facilidades concedidas para a realização do presente trabalho.

1. Índice

2. Resumo

Os compostos azóicos sintetizados a partir de 2-aminobenzotiazóis substituídos foram cientificamente significativos para compostos corantes orgânicos sintéticos, sensores, nanoquímica e farmacêutica e industrialmente muito importantes para aplicações tecnicamente úteis. Os compostos do grupo azoico são normalmente utilizados na preparação ou como moléculas de corantes sintéticos. São preparados a partir de aminas aromáticas primárias por diazotização e acoplamento em mofitos aromáticos. Os compostos foram estudados para chegar ao seu esqueleto utilizando diferentes tipos de dados (espectroscópicos e analíticos) utilizando espectroscopias como UV-Vis, FT-IR,[1] H-NMR. Os compostos azóicos de amino benzotiazol têm aplicações variadas em pigmentos, muitos deles utilizados na indústria alimentar, cosmética e farmacêutica.

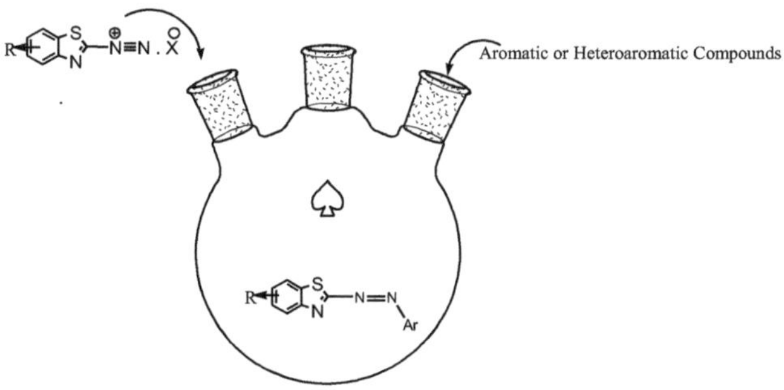

PALAVRAS-CHAVE: 2-Aminobenzotiazol, corantes azóicos, diazotização, acoplamento, atividade biológica, atividade antibacteriana e antioxidante.

3. Introdução

Os compostos da classe azo ou corantes são analisados pela ocorrência da fração azo (-N=N-) no seu esqueleto, conjugada com sistemas aromáticos, policíclicos ou hetero-aromáticos diferentes ou idênticos, mono ou dicíclicos. Devido às suas propriedades físico-químicas e actividades biológicas precisas, encontraram uma vasta aplicação na indústria cosmética, farmacêutica, de tinturaria ou têxtil, alimentar e também no domínio analítico.

Os compostos de diazónio representam um grupo principal de compostos orgânicos com a fórmula funcional R-N=N X^{+-}, em que R = alquilo ou arilo e X^- = anião orgânico ou inorgânico, como os grupos F, Cl, Br ou I. Os sais de diazónio, em que R é um grupo arilo, são intermediários preciosos e têm muitas aplicações na síntese de química orgânica. Desde a sua descoberta em 1858,[1], muitas reacções protuberantes associadas aos sais de diazónio da fração arénica evoluíram ao longo de mais de um século. Em 1884, Sandmeyer descobriu que, por tratamento com cloreto de cobre, o sal de diazónio do benzeno era convertido em clorobenzeno[2]. Pschorr relatou um método de preparação de tricíclicos biarílicos por substituição intramolecular de um radical arilo com um areno, que é formado a partir de um sal de diazónio arilo por catálise de cobre[3] por modo in-situ.

Os sais de diazónio são mais úteis como materiais de partida para uma vasta gama de conversões, que se dividem em três subgrupos principais. O primeiro grupo, ou seja, reacções iónicas, inclui acoplamentos azo e formações de triazenos, reacções Japp-Klingemann e Balz Schiemann. As reacções radicalares dos sais de diazónio, que representam o segundo subgrupo, contêm acoplamentos aril-aril do tipo Gomberg-Bachmann e Pschorr, funcionalizações de alcenos do tipo Meerwein, reacções de Sandmeyer e reacções de transferência de átomos de hidrogénio, entre outras. Além disso, os sais de arildiazónio foram utilizados com êxito em acoplamentos cruzados catalisados por Pd e também em reacções estreitamente relacionadas mediadas por metais de transição, constituindo assim o terceiro subgrupo.

Desde a descoberta dos sais de aril diazónio[1-3], muitos desenvolvimentos na indústria de corantes e outras indústrias beneficiaram durante mais de um século em 1884. Doyle et al.,[4-5] relataram a não necessidade de ácido aquoso para a formação destes intermediários. O cientista Sandmeyer tratou o cloreto de cobre(I) com o sal de diazónio do benzeno para o converter em clorobenzeno[6-7]. Após o trabalho de Kikukawa e Matsuda[8], nos 50 anos seguintes, as reacções de acoplamento das ligações C-C e C-B foram bem elaboradas. Normalmente, são sintetizadas pelo processo de diazotização[2], um processo em que a amina aromática de natureza primária reage com ácido nitroso. Em vez de todos os títulos, o desenvolvimento de produtos devido à presença de HNO_2 e da sua amina aromática é obrigatório, formando uma decomposição escura, diminuindo assim o rendimento e tornando o produto difícil de isolar[9].

Para além da indústria de corantes e pigmentos[10], os compostos azóicos também são relevantes para o tratamento biocida de materiais têxteis, uma vez que apresentam atividade biológica. Os compostos azóicos têm importância medicinal e são reconhecidos pelas suas aplicações como - antineoplásicos[11] , antibacterianos[12-13] , antidiabéticos[14] e antitumorais[15] . Os compostos azóicos são também valiosos nos domínios farmacêutico e medicinal[16] e, possivelmente, a ligação azo-imina seria responsável pelas actividades biológicas demonstradas por algumas bases de Schiff, conforme referido[17] . Alguns dos compostos azóicos são estudados quanto à sua atividade antibacteriana[18] . A presença da fração azo apresenta actividades pesticidas e antibacterianas. O sal de diazónio reage com outros arenos (agentes de acoplamento) para provocar uma reação de acoplamento diazo[19] . Os compostos azo actuam como agentes antimicrobianos, o que tem sido objeto de muitos relatórios[20-30] . A preparação da maioria dos compostos azóicos inclui a diazotização de uma amina primária (aromática ou heteroaromática), juntamente com o acoplamento com agentes de acoplamento[19] viz. pentano-2,4-diona (ou acetilacetona)[21] , fenóis[23-28] . Assim, os compostos naftólicos, fenólicos e salicílicos sofrem um processo de diazotização e têm várias aplicações, pelo que é interessante estudar a preparação destes compostos azóicos. A literatura apresenta estudos sobre os derivados, a fim de explicar as novas aptidões de compostos do mesmo tipo. Por vezes, os compostos azo são frequentemente descritos como cromogéneos na literatura[25] . Os grupos hidroxi[23-28] ou amino-[29] são grupos funcionais comuns dos compostos orgânicos utilizados como agentes de acoplamento[30] . O aparecimento de várias classes de corantes sintéticos[31] contendo azo corantes ocorreu devido a um esforço constante. Os corantes azóicos têm uma importância industrial que inclui os tecidos[32] , a seda, a lã e o nylon[33] . Além disso, os compostos azóicos têm também muitas aplicações na foto-indústria, como sistemas fotográficos ou electrofotográficos, terapia fotodinâmica e fotocondutores orgânicos dominantes[25] . Recentemente, o nosso laboratório publicou uma revisão[34] relativa à reação de vários sais de diazónio com ácido salicílico e compostos fenólicos. Recentemente, a diazotização é efectuada através de processos fáceis e em situações ecologicamente benignas com elevados rendimentos dos produtos[35] . A reação da amina aromática primária **1** com o ácido nitroso formado a partir de nitrito de sódio e ácido clorídrico arrefecido (0-5° C) forma o sal de diazónio **2**, que é altamente instável e, por conseguinte, uma fração muito reactiva. O **Esquema-1** mostra a reação geral de formação do sal de diazónio, **2**. O **Esquema-2** mostra a reação geral do cloreto de diazónio, **2**, com o composto aromático, **3**, para formar o composto aromático-azo, **4**.

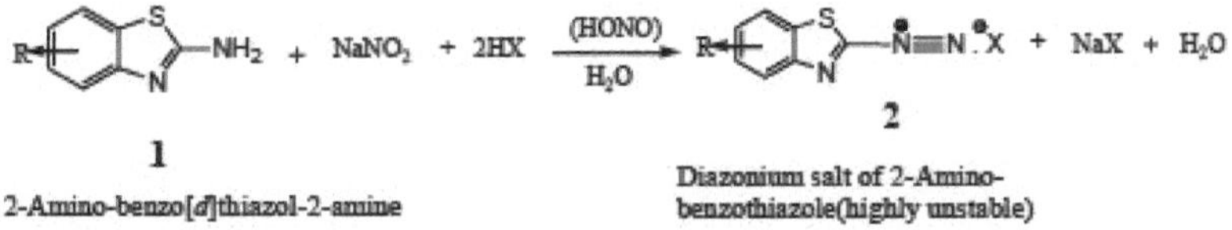

Esquema-1: Reação geral de formação do sal de diazónio.

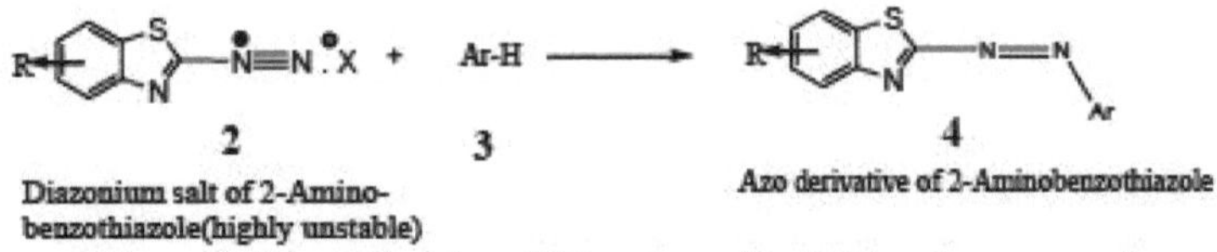

Esquema-2: Reação geral do sal de diazónio com um composto fenólico.

4. Pesquisa bibliográfica

A literatura assinala que os novos corantes azóicos foram sintetizados[36] por diazotização de 2-amino benzotiazol e acoplamento com vários compostos aromáticos, tais como derivados de naftol, N, N-dimetil anilina e 8-hidroxi quinolina. As estruturas dos compostos sintetizados foram confirmadas por métodos espectroscópicos de UV-Vis, FT-IR e^1 H NMR. Foram estudadas as actividades antimicrobianas destes compostos sintetizados pelo método da placa de poços. Os estudos antioxidantes dos compostos também foram efectuados através da medição do ensaio de eliminação do radical DPPH e do método de quelação de metais. Alguns compostos apresentaram uma atividade antibacteriana muito melhor e uma boa propriedade antioxidante.

Duas séries de corantes azo conjugados heterocíclicos doadores-aceitadores[37] foram preparadas por reação de acoplamento azo. Foram estudadas as suas propriedades electroquímicas, ópticas e térmicas. A HRS em soluções de dioxano com um comprimento de onda fundamental de 1064 nm foi utilizada para estimar as suas propriedades ópticas não lineares de segunda ordem. Estes corantes azo exibiram uma estabilidade térmica boa a excelente (235-317 °C). O estudo mostrou que a modulação das propriedades ópticas e electrónicas foi conseguida pela inserção do grupo aceitador benzotiazol no sistema tienilpirrol na posição 2 ou 6 do heterociclo benzotiazol.

Novos corantes azóicos à base de benzotiazóis[38] e derivados foram preparados por diazotização de benzotiazóis 2-amino-6-substituídos e acoplados a 4-imino-3,4-dihidro-2H-pirimido[2,1-b][1,3]benzotiazol-2-ona em meio neutro. Estes azo-corantes foram caracterizados por vários métodos espectroscópicos como UV-Vis, FTIR, NMR e espetrometria de massa. Os compostos recentemente sintetizados foram analisados quanto à sua atividade antimicrobiana *in vitro*. Os poucos compostos azóicos apresentaram uma boa atividade antibacteriana e antifúngica.

Diazotização do 2-aminobenzotiazol utilizando ácido sulfúrico e nitrito de sódio para obter um sal de diazónio[39], que se juntou a uma solução alcalina de salicilaldeído para formar um derivado de azoaldeído. O aldeído resultante foi reagido com várias aminas aromáticas, nomeadamente 3-nitroanilina, 4-nitroanilina, 4-metoxianilina, 4-hidroxianilina, 4-bromoanilina, 2-metoxianilina, 4-cloroanilina e 2,4-dicloroanilina, utilizando a técnica de irradiação por micro-ondas em etanol, para produzir oito iminas de benzotiazol. A atividade antibacteriana destes compostos foi estudada in vitro utilizando dois tipos de bactérias, *Staphylococcus aurous* (Gram-positiva) e *Escherichia coli (Gram-negativa)*. As imidazolidinas recém-preparadas exibiram melhores actividades do que a gentamicina contra *Staphylococcus aurous*, enquanto alguns compostos mostraram melhores actividades contra *Escherichia coli* quando comparadas com as do medicamento de controlo.

Foram preparados diversos derivados de diazenilo[40] através da reação de derivados de 2-aminobenzotiazol 6-substituídos com 2-naftol na presença de NaOH. Estes compostos foram analisados quanto à sua atividade antimicrobiana contra *P. mirabilis, S. aureus, C. albicans, E. coli, S. pyrogens* e *A. fumigates*, utilizando a anfotericina B e a ciprofloxacina como fármacos padrão. Poucos compostos apresentam uma atividade antimicrobiana ligeira a moderada.

Foram preparados vários corantes dispersos hetarilazo e aplicados por exaustão em acetato de celulose, tendo sido avaliados visual e instrumentalmente[41] . Foi determinada uma concordância adequada entre a avaliação visual e a avaliação instrumental destas propriedades. Foram estudadas as propriedades de cor e de tingimento, a gama de temperaturas e a taxa de tingimento dos corantes.

Preparação de novos compostos azóicos, incorporados com ião de uma porção heterocíclica bioactiva. Reação de acoplamento diazóico do 2-amino benzotiazol com diferentes compostos fenólicos antioxidantes sintéticos[42] como o floroglucinol, BHA, 2,4- e 2,6-di-terc-butilfenol. A sua estrutura foi confirmada por várias técnicas espectroscópicas, tais como UV-Vis, FT-IR, ^{1} H NMR, ^{13} C NMR e LC-(ESI). A eficácia biológica dos compostos azóicos foi avaliada por actividades antioxidantes como a atividade de poder redutor e a atividade de eliminação do radical DPPH. Poucos deles apresentam uma capacidade antioxidante eficaz. A atividade antibacteriana substancial demonstrada pelos compostos azóicos contra organismos patogénicos humanos. A atividade anticancerígena in *vitro* e a toxicidade de alguns compostos azóicos foram avaliadas pelo ensaio de citotoxicidade MTT contra a linha celular de cancro do pulmão e a linha celular de pele normal. O estudo de acoplamento molecular in silico determina que os compostos azóicos devem várias interações cruciais com a proteína EGFR.

Foram preparados receptores à base de azo-fenol, com um núcleo azo incorporado com naftol[43] e unidades de benzotiazol substituídas, tendo sido examinadas as suas propriedades ópticas completas. O derivado nitro apresentou um comportamento ótico promissor na ausência e na presença de vários iões de metais de transição em solução aquosa de acetonitrilo. Revelaram uma maior sensibilidade para a deteção do ião Hg^{2+} através de uma maior fluorescência. A caraterização dos compostos sintetizados por métodos espectroscópicos de emissão, absorção, FT-IR e^{1} H NMR mostrou uma coordenação favorável do ião metálico Hg^{2+} com o átomo de oxigénio fenólico, o átomo de azoto azo adjacente ao anel naftol e o azoto tiazol do anel benzotiazol. O tautomerismo do tipo azo-hidrazona por reação de transferência de protões fotoinduzida e também a reação de transferência de protões induzida por metal (ião Hg^{2+}) a partir da forma de hidrazona nos sistemas moleculares orgânicos existentes foram examinados por métodos de foto-irradiação e de excitação por fluorescência, bem como por espectros de RMN^{1} H e^{13} C.

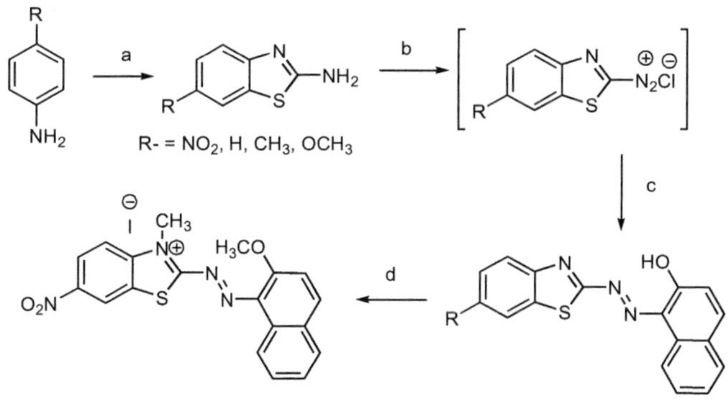

a. AcOH/KSCN/Br_2/0^0C to RT/Δ; b. AcOH/H_2SO_4/$NaNO_2$/0-5^0C; c. alk. β-Naphthol/0-5^0C and d. MeI/K_2CO_3/dry acetone/4-5 hrs.

Os corantes com componentes diazo heterocíclicos têm merecido muita atenção devido ao seu elevado poder tintorial e excelente luminosidade, uma vez que os corantes preparados a partir de 2-aminobenzotiazóis e 2-aminotiazóis têm desempenhado um papel significativo na tecnologia de corantes dispersos[44] . Foram comunicados vários corantes preparados a partir de várias aminas heterocíclicas com 2-amino-1,3,4-tiadiazóis, 5-amino-1,2,4-tiadiazóis, 5-amino-isotiazóis, 2-aminoimidazóis, 3-amino-2,1-benzoisotiazóis, 2-aminotiofenos e 5-aminopirazóis. Introdução de um novo método de preparação de componentes diazo heterocíclicos, que estão a ser utilizados para preparar corantes ácidos para fibras de poliamida para alcatifa. Poucos oferecem um excelente brilho da tonalidade e são comercialmente competitivos com o tipo de antraquinona mais caro. Além disso, poucos têm excelentes propriedades de nivelamento.

A *7-Amino-3-fenilazo-2-metil-4H-pirazolo*[1,*5-a*]pirimidina-5-ona foi sintetizada[45] pela reação de *5-amino-3-metil-4-fenilazo-1H-pirazol* e 2-aminobenzotiazol com cianoacetato de etilo em ácido acético a 150°C. Foram preparados quatro novos corantes dispersos azo heterocíclicos através do acoplamento de cloreto de diazónio à base de aminas heterocíclicas com *7-amino-3-fenilazo-2-metil-4H-pirazolo*[1,*5-a*]pirimidina-5-ona. Os comportamentos solvatocrómicos dos corantes relacionados foram estudados em pormenor utilizando o espetrómetro de absorção ultravioleta-visível. Estes foram também purificados e caracterizados por análise elementar, FTIR e[1] H NMR. Os dados experimentais foram apoiados pela teoria do funcional da densidade. A análise pormenorizada das estruturas tautoméricas previstas também foi comunicada.

O PUF enxertado[46] com o composto orgânico Me-BTAP foi aplicado com sucesso na pré-concentração de cádmio e chumbo. O sorvente apresentou caraterísticas desejáveis para materiais utilizados em sistemas de extração em fase sólida, tais como resistência ao inchaço e a alterações de pH, baixa resistência à passagem do fluxo e simplicidade de preparação. Ao ser aplicada ao sistema de pré-concentração, a fase sólida forneceu um método simples e sensível para a determinação de cádmio e chumbo por FAAS. Trata-se de uma boa alternativa para a estimativa destes elementos. Foram testadas extracções de outros elementos utilizando este adsorvente.

A mistura de isómeros de 5,6- e 6,7-dicloro-2-amino-benzotiazol[47] foi utilizada como o primeiro componente na síntese de uma série de corantes dispersos disazo. A influência das variações estruturais nos componentes finais e intermédios na cor dos corantes é avaliada.

O azoaldeído foi obtido por processo de acoplamento entre o ião diazónio 2-aminobenzotiazol[48] e o 2-hidroxibenzaldeído e transformado nas iminas correspondentes por tratamento com 3-bromoanilina, 2-cloroanilina, 2,4-dicloroanilina, 4-nitroanilina e 3-nitroanilina para dar derivados de imina13. Estes compostos foram inseridos em reação com (NaN3) para produzir novos tetrazóis. As estruturas dos tetrazóis foram determinadas com base em dados de IR, NMR e espectros de massa.

São apresentados alguns novos corantes azóicos de benzotiazóis ácidos classificados em grupos, obtidos a partir de 2-aminobenzotiazóis[49] 6-substituídos com grupos $-CH_3$, $-OCH_3$, -Cl, $-NO_2$ que são os constituintes diazotizáveis, acoplados a 12 constituintes de acoplamento a temperaturas de 0-5°C e pH de 1,0 - 1,5. Os grupos sulfónicos nas moléculas de corante conferem estas solubilidades adequadas para tingir os suportes proteicos, tais como couro curtido ao cromo e peles. Os corantes azóicos de benzotiazol ácido foram caracterizados pelo ponto de fusão, solubilidade em água e espectros UV-Vis, MS e IR.

Alguns compostos azóicos benzotiazólicos[50] foram preparados e estudados quanto à sua atividade microbiana. Estes compostos foram preparados pela condensação de fenil ureia substituída com [4-(4,6-dicloro-[1,3,5]triazin-2-iloxi)-2,6-dimetil-quinolin-3-il]-(6-metoxi-benzotiazol-2-il)-diazeno, que foi preparado pela reação entre cloreto cianúrico e 3-[(6-metoxi-benzotiazol-2-il)-diazinil]-2,6-dimetil-4-hidroxiquinolina. 3-[(6-metoxi-benzotiazol-2-il)-diazinil]-2,6-dimetil-4-hidroxiquinolina preparada por acoplamento de 2,6-dimetil-4-hidroxiquinolina e 2-amino-6-metoxi benzotiazol diazotizado e caracterizada por análise elementar e métodos espectrais.

As propriedades ópticas de uma série de polímeros líquidos cristalinos de cadeia lateral contendo mesogénio de azo-benzotiazol[51] com diferentes substituintes terminais (-H, $-CH_3$, e $-OCH_2CH_3$) em quatro solventes orgânicos de polaridade variável foram examinadas por análise espetral de absorção e fluorescência. Os estudos solvatocrómicos destes compostos não mostram qualquer diferença regular nas intensidades de absorção e emissão com a variação da polaridade do solvente. Foram efectuados estudos teóricos baseados em diversos métodos de correlação de solventes, tais como os métodos Dimroth-Reichardt e Kamlet-Taft, para examinar as interações soluto-solvente. Os máximos de emissão e de absorção dos polímeros examinados foram deslocados batocromicamente com a remoção do átomo de hidrogénio da posição 6 por grupos doadores de electrões na porção benzotiazol.

Os corantes azóicos derivados do 2-amino-6-(2-cloroetoxi) benzotiazol e do 2-amino 4-(2-hidroxietoxi)-benzotiazol[52] foram preparados por diazotização e acoplamento com diferentes anilinas N, N-dissubstituídas. Os corantes foram depois quaternizados com alguns agentes alquilantes, sulfato de dimetilo, acrilamidas, ésteres metílicos do ácido benzenossulfónico e compostos epoxídicos. Os novos corantes catiónicos benzotiazólicos absorvem na região de 606-636 nm e têm uma absorvência molar de 40000-80000 Lmol-1 cm -1.

Foram sintetizados vários derivados de benzotiazóis 2, 4 e 7 substituídos[53] para investigar a relação entre a fluorescência dos quelatos metálicos e as suas estruturas e para investigar as suas aplicações como reagentes analíticos. As reacções de cor e fluorescência dos iões metálicos com os derivados de benzotiazol foram examinadas por testes pontuais. Quando os complexos metálicos são formados, a mudança de cor dos derivados 2-substituídos foi mais notável do que a dos derivados 4 e 7-substituídos. No entanto, como reagentes fluorométricos para iões metálicos, os derivados de 4-amino-benzotiazol foram superiores aos derivados de 2-amino e 7-amino-benzotiazol.

A série de corantes azo heterocíclicos foi preparada com 4-hidroxi cumarina por reação de acoplamento diazóico[54] . O aspeto estrutural dos compostos recém-sintetizados foi obtido através de várias técnicas físico-químicas como UV-Vis, FT-IR, RMN e espetrometria de massa. Os cálculos computacionais e a otimização geométrica dos corantes azóicos sintetizados foram examinados com o software Gaussian, com a ajuda do método DFT, utilizando um conjunto de bases 6-31G (d,p) na fase gasosa. Da mesma forma, os parâmetros químicos quânticos foram estimados para conhecer o conceito de atividade estrutural dos corantes. A eficiência farmacológica dos corantes azo foi examinada por clivagem antituberculosa, antimicrobiana e de ADN. Os compostos sintetizados exibiram uma atividade inibitória significativa contra os micróbios testados.

O novo derivado azoico da 2,5-dihidroxi-3-undecil-1,4-benzoquinona com 2-aminobenzotiazol foi preparado[55] . O produto formou um complexo com cloreto, nitrato, acetato e perclorato de Mn(III). Verificou-se que estes complexos apresentavam uma maior atividade antibacteriana, antifúngica e anti-helmíntica do que o ligando.

Foram preparados os cristais líquidos calamíticos envolvendo um anel de benzotiazol no núcleo central e dois grupos de ligação diferentes. As suas propriedades cristalinas líquidas foram estudadas[56] e comparadas com as da série análoga de iminas. O efeito do grupo de ligação no interior do núcleo central foi confirmado para determinar a variedade de mesomorfismo apresentada pelos compostos. Os compostos com ligações imina e azo actuam de forma semelhante e apresentam mesofases C nemáticas e esméticas típicas. Os compostos que incorporam uma ligação amida mostram um mesomorfismo mais pobre e apresentam principalmente uma mesofase C esmética.

Os corantes benzothiazolyl bisazo[57] substituídos por perfluoroalkyls mostraram maior solubilidade e maior batocromicidade do que os derivados alquil correspondentes. Estes corantes exibiram um bom dicroísmo (parâmetro de ordem $S > 0,75$).

Os aminotiazóis, benzotiazóis, tiadiazóis e tiofenos foram diazotizados e acoplados à N-P-cianoetil-N-P-hidroxietilanilina[58] para obter corantes que coloriram o poliéster em tons de laranja a azul. A cor dos corantes é discutida em relação à natureza do anel heterocíclico e dos seus substituintes. Os efeitos do solvente nos máximos de absorção visível de alguns dos corantes também são relatados.

As aminas heterocíclicas viz. 2-amino-6-metoxi e 2-amino-6-nitrobenzotiazole, 3-amino-5-nitro-[2,1]-benzotiazole, e 2-amino-3,5-dinitrotiofeno foram diazotizadas e acopladas a anilinas N-β-acetoxietil substituídas para dar corantes[59] que coloriram o acetato de celulose em tons de vermelho a azul profundo. As propriedades de tingimento e solidez dos corantes em acetato de celulose também são relatadas.

As aminas heteroarilas foram preparadas a partir da reação de derivados de anilina, tiocianato de potássio e bromo em ácido acético. O acoplamento dos sais de diazónio das aminas correspondentes com o 2-metilindole deu origem a corantes de hetaril-azoindole[60]. Estes corantes foram caracterizados por espetroscopia UV-Vis, FT-IR e ^{1}H-NMR. As propriedades de solvatocromismo dos corantes foram investigadas em vários solventes. A atividade antimicrobiana dos corantes sintetizados foi avaliada contra estirpes bacterianas de *Bacillus subtilis, Escherichia coli, Micrococcus leuteus* e *Pseudomonas aeruginosa.* Os resultados mostraram que alguns destes corantes apresentam uma boa atividade antibacteriana.

Novos corantes azo heterocíclicos foram preparados pelo processo de diazotização utilizando 2-amino-6-etoxibenzotiazol[61] com compostos de acoplamento em condições experimentais adequadas. A caraterização destes compostos foi efectuada através de vários métodos analíticos como os espectros de absorção UV-Visível, FT-IR, ^{1}H RMN, ^{13}C RMN, análise elementar e espetrometria de massa. As propriedades de solvatocromismo dos corantes azo foram estudadas em solventes variados com polaridade crescente. As propriedades electroquímicas dos compostos sintetizados foram examinadas utilizando o método de voltametria cíclica.

Corantes azo hidroxilados sintetizados[62] por diazotização e as constantes de dissociação protónica (pKa) dos corantes em várias misturas de solvente orgânico + água foram determinadas. Os resultados encontrados foram discutidos em termos das caraterísticas do solvente. Foram também examinados os efeitos das interações de ligação H e da basicidade do solvente no processo de ionização. Em suma, verificou-se que os valores de pKa dos compostos estudados dependem principalmente do rácio e da natureza do co-solvente orgânico. Além disso, foi muito importante identificar quais as estruturas com que estamos a lidar em soluções líquidas e como estas estruturas afectam as propriedades físico-químicas de tautómeros distintos e as suas constantes de acidez. Os cálculos teóricos foram efectuados com o objetivo de obter uma visão das caraterísticas estruturais e das propriedades físico-químicas dos compostos em estudo.

Uma série de novos corantes dicromóforos baseados em 2-aminobenzotiazóis[63] e 3-amino-1,2,4-triazol foram sintetizados em altos rendimentos. Todos os corantes foram classificados como corantes dispersos. Além disso, as suas propriedades espectroscópicas electrónicas, ou seja, elevadas absorções de corante em poliéster, coeficientes de extinção elevados, excelentes propriedades de solidez e amplos efeitos solvatocrómicos foram demonstrados nestes novos corantes dispersos. Estes corantes sintetizados foram adequados como indicadores de pH na gama de 11-13.

Foram sintetizados novos corantes azo-benzotiazol[64] por condensação de 2-nitrosobenzotiazol e 6-nitro-2-nitrosobenzotiazol com anilina, ácido antranílico, 3-hidroximetilanilina, 2-, 3- e 4-cloroanilina, 4-fluoroanilina, 4-iodoanilina ou 4-nitroanilina. O novo método sintético definido é vantajoso em relação ao processo clássico de diazotização habitualmente utilizado para a preparação de corantes dispersos relacionados, uma vez que a existência de um grupo doador de electrões na posição para do componente de acoplamento deixa de ser um pré-requisito para a conclusão da reação de condensação.

Foram sintetizados e caracterizados novos corantes azobenzotiazóis[65] obtidos por condensação de 2-nitrosobenzotiazóis com várias anilinas substituídas. Observou-se o efeito da polaridade do solvente nos espectros de absorção e examinou-se também a relação entre as estruturas dos corantes e a absorção na região do UV-visível. Estes corantes, que possuem uma unidade de anilina com um grupo doador de o-electrões, mostraram propriedades de absorção únicas, expostas por uma segunda banda de absorção de comprimento de onda longo.

Para identificar uma alternativa útil ao H_3PO_4, como meio para a diazotação de[66] aminas heteroaromáticas, foram examinados vários ácidos orgânicos com uma constante de ionização (Kt) semelhante. O ácido dicloroacético foi um solvente eficaz tanto para a diazotização dos compostos sintetizados como para a síntese de corantes dispersos comerciais vitais. Os corantes Disperse Red 177 e Disperse Violet 52 foram facilmente formados com um rendimento de 85-90% e uma forma muito pura.

O composto azoico[67] foi sintetizado e caracterizado pelos métodos espectrais FT-IR, ^{1}H-NMR, ^{13}C-NMR. O comportamento eletroquímico do composto azoico e do seu complexo com Fe (III) foi estudado no elétrodo de disco de carbono vítreo GCE em eletrólito de suporte dissimilar a uma concentração (1M) e velocidade de varrimento (100mvs^{-1}). Foi demonstrada uma correlação linear (0,1 - 4,0 µg. ml^{-1}) entre a absorvância em λ_{max} e a concentração. Foi também estudado o efeito de diversos iões na determinação de ferro (III) para explorar a seletividade do processo. O esquema projetado foi efetivamente útil para a análise de amostras de sangue.

Foi sintetizada uma série de 1-benzotiazolil-3,5-difenilformazanos com substituintes na posição 6 do anel do benzotiazol[68] . A introdução de halogéneos e de grupos metilo e alcoxi nesta posição induz um aprofundamento da cor dos formazanos correspondentes em comparação com o benzotiazolil-difenilformazan não substituído. As benzotiazolil-azo e 6-metilbenzotiazolilazofenil-hidrazonas do benzaldeído foram isoladas juntamente com formazanos no acoplamento dos sulfatos de benzotiazolina diazónio e 6-metilbenzotiazolinediazónio com a fenil-hidrazona do benzaldeído.

A literatura assinala que a síntese do 2-aminobenzotiazol e dos seus derivados é feita através do tratamento de derivados de aminas aromáticas na presença de tiocianato de potássio, bromo molecular e ácido acético glacial, sendo este último desativado por uma solução conc. de amoníaco ou por hidróxido de sódio a 50 %. Estas moléculas foram utilizadas para a síntese de sais de diazónio de acordo com a reação com nitrito de sódio e ácido clorídrico, os sais de diazónio foram utilizados para interação específica[69] com ácido 4-amino-3-hidroxi-1-naftaleno sulfónico e 4-amino antipirina em meio básico para produzir corantes com grupo azo. Estes foram caracterizados por informação espectroscópica FT-IR,^{13} C-NMR,^{1} H-NMR e C.H.N.S. caraterização elementar. Foi avaliada a atividade biológica de quatro dos compostos sintetizados em relação a quatro tipos de bactérias.

Experiências fotoquímicas e electroquímicas[70] em etanol mostram que a tendência para reduzir os corantes azóicos preparados a partir do 2-aminobenzotiazol é semelhante para ambos os processos. Isto é atribuído à redução de um eletrão dos corantes e à protonação dos aniões radicais resultantes.

Os benzotiazóis 2-amino-6-substituídos são preparados pela reação de um pote[71] de anilinas substituídas com tiocianogénio e consumidos para sintetizar os benzotiazóis 2-fenilazo-6-substituídos em rendimentos justos por diazotização habitual seguida de acoplamento com 2 N,N-dialquil anilinas. Os aminobenzotiazóis apresentam absorção na região do UV, enquanto os corantes apresentam máximos de absorção na região do visível. No caso dos aminobenzotiazóis e de determinados corantes azóicos, as variações no carácter dador-acetor do substituinte afectam os máximos de absorção. Os corantes azóicos apresentam grandes variações nos espectros de absorção com a alteração do pH (de azul para vermelho), o que indica o potencial dos sensores ópticos a valores de pH baixos. Os efeitos do solvente são envolvidos pelo formalismo PCM com acetonitrilo e diclorometano.

Foi sintetizado um novo composto azo 2-(2'-hidroxinaftilazo) benzotiazole[72], as bandas do ligando e dos complexos formados de Cu II, Co II e Fe III são atribuídas utilizando espectros FT-IR. São estudados os espectros de absorção eletrónica de ligandos puros em solventes orgânicos de polaridade diversa e também em soluções tampão de pH variável. Foi também estabelecido o procedimento espetral sensível para a microavaliação de metais utilizando um composto azoico como novo ligando cromogénico. O método é utilizado com sucesso para a determinação de Cu II, Co II e Fe III com iões estranhos e em solução.

O 6-(2-benzotiazolil azo)-3,5-dimetilfenol[73] foi preparado através da reação do cloreto de diazónio do 2-benzotiazol com o 3,5-dimetilfenol. Os ligandos azóicos foram caracterizados por FT-IR, UV-Vis,^{13} C-NMR e^{1} H NMR. Complexação do ligando tridentado com Co^{2+}, Ni^{2+}, Cu^{2+} e Zn^{2+} em etanol aquoso com uma proporção de 1: 2 (metal: ligando) e a um pH ideal. A preparação dos quelatos metálicos é feita com recurso à avaliação espetral de chama atómica, absorção, FT-IR e UV-Vis, juntamente com os estados magnéticos e a condutividade. A natureza do complexo permaneceu apoiada pela razão molar e constante, mecanismo de diferença, lei de Beer, concentração de taxa seguida de 0,0001 - 0,0003 M), onde em molar, absortividade, para soluções complexas foi detectada.

Foram preparados e caracterizados por FT-IR,^{13} C-NMR, ^{1} H-NMR vários compostos cristalinos líquidos baseados em cromóforos de azo benzotiazol com vários substituintes na posição 6th na porção de benzotiazol[74] com o grupo terminal metacrilato. As avaliações DSC e TGA mostraram que todos os compostos estudados são termicamente estáveis e exibem comportamentos de cristais líquidos. A variação de temperatura na formação da mesofase foi seriamente influenciada pela posição 6th do substituinte doador de electrões no anel benzotiazol e na função metacrilato terminal. Nos espectros UV-Vis, os máximos de absorção são deslocados batocromicamente com a remoção da posição 6th H pela função doadora de electrões no cromóforo do benzotiazol.

Alguns dos corantes azo-benzotiazol são preparados por reação de acoplamento[75] de 8-hidroxi-quinolina, 2-naftol e 2,6-diamino-piridina através de 2-amino-6-nitrobenzotiazol diazotizado. Os corantes azóicos foram preparados com bons rendimentos e caracterizados por métodos espectrais de ^{1}H-NMR, UV-Vis e FT-IR e estes compostos azóicos foram analisados quanto à sua atividade biológica, ou seja, agentes antimicrobianos.

Os diversos derivados de 4-metoxi-2[H/substituído-4-(N-N-disubstituído amino) fenilazo] benzotiazol são sintetizados acoplando[76] com 2-amino-4metoxi-benzotiazol (II) diazotizado através de anilina substituída. Os corantes proporcionaram uma coloração brilhante com uma solidez razoável à luz e uma solidez razoável a excelente à fricção, transpiração, lavagem e sublimação.

O acoplamento de diazotizados[77] 2-aminobenzotiazol e 2-aminotiazol com ciclo-hexano-1,3-diona dá origem a uma nova classe de sistema ligante tridentado. Os dados analíticos, FTIR, ^{1}H-NMR, espetro de massa e ^{13}C-NMR indicam a presença de compostos na forma tautomérica azo-enol com ligação de hidrogénio intramolecular. Os complexos de Ni(II) e Cu(II) apresentam um momento paramagnético normal, enquanto os quelatos de Zn(II) são diamagnéticos.

Vários 2-aminobenzotiazóis[78] foram reagidos com acetilacetona e diferentes hidrazinas para dar vários (3,5-dimetil-1-fenil-1H-pirazol-4-il)-(benzotiazol-2-il)-diazenos substituídos. Os dados espectrais, nomeadamente ^{1}H-NMR, IR, massa e análise elementar, confirmaram a estrutura do composto e avaliaram a sua atividade antifúngica.

Foram preparados e caracterizados os cristais líquidos[79] , contendo 2-[4-(4′-n-alcoxibenzoiloxi) nafta-1-ilazo]-6-fluorobenzotiazóis e 2-[4-(4′-n-alcoxibenzoiloxi) fenilazo]-6-fluorobenzotiazóis. Cada secção inclui treze membros homólogos com diferentes comprimentos de cadeia alcoxi. Verificou-se que as substâncias com cadeia C-1 a C-7 apresentam mesofases enantiotrópicas smectic C (SmC) e nemática (N). O homólogo C-8 apresentou mesofases SmC e N enantiotrópicas e smectic A (SmA), enquanto os homólogos de cadeia mais longa (C-10 a C-14) apresentaram mesofases SmA e SmC enantiotrópicas. Os homólogos C-16 e C-18 apresentaram apenas mesofases SmA, enquanto na série F todas as moléculas (C-1 a C-18) apresentaram apenas a mesofase nemática enantiotrópica.

As aminas heteroarilas foram diazotizadas e acopladas ao 3-amino crotão nitrilo para dar 2-hetaril hidrazona-3-ketiminobutironitrilo[80] que pode reagir com hidrato de hidrazina e fenil hidrazina para dar origem a 5-amino-3-metil-4-hetarilazo-1-fenilpirazóis e 5-amino-3-metil-4-hetarilazo-1H-pirazóis correspondentes. Alguns corantes diazóicos mais recentes foram preparados e caracterizados por análise elementar e dados espectrais, tendo também sido estudado o desempenho solvatocrómico dos corantes em diferentes solventes.

Foi proposto um método espetrofotométrico[81] para a determinação de volumes de microgramas de fenilfrina-HCl. O processo baseia-se no acoplamento da fenilfrina-HCl com o 2-aminobenzotiazol diazotizado em meio alcalino. A absorvência molar dos corantes formados LDL e HDL é avaliada.

Observam-se os espectros de emissão e de absorção de três compostos de azo-quinoleína hetaril com substituintes variados em líquidos e solventes líquidos cristalinos[82]. As estruturas espectrais dos corantes hetaril azo quinolina são elucidadas através do tautomerismo azo/hidrazona em conjunto com a caraterística solvatocrómica. A extensão das interações soluto-solvente é explicada utilizando as escalas de polaridade multiparamétricas de Kamlete Taft e Katritzky. Foi determinado que os hospedeiros anisotrópicos evitam a deslocação do equilíbrio tautomérico para a hidrazona.

Foram preparados vários corantes azo catiónicos dicromofóricos à base de 2-aminobenzotiazol e estudadas as suas propriedades foto-físicas[83]. Os corantes azóicos são violetas a azuis com um coeficiente de extinção molecular elevado e apresentam uma emissão de fluorescência exclusiva na gama de 409-494 nm. As actividades antibacterianas destes corantes são relatadas contra bactérias, incluindo *S. aureus, S. epidermidis, E. coli* e *P. aeruginosa* e diversas concentrações de corantes exibiram atividade bacteriana.

O componente de acoplamento 1-(2-benzotiazolil)-3-metilpirazol-5-ona foi sintetizado e tratado com aminas heterocíclicas diazotizadas para dar 6 corantes de hetarilazo-pirazolona[84]. Os corantes azóicos dos sistemas de anéis benzimidazol e benzotiazol são estudados para análise elementar e dados espectrais. São estudados os desempenhos solvatocrómicos destes corantes em vários solventes. As geometrias do estado fundamental dos compostos sintetizados foram optimizadas pela teoria do funcional da densidade dependente do tempo (TD-DFT) e os cálculos da teoria do funcional da densidade (DFT) são executados para obter os espectros de absorção.

Foram preparados corantes dispersos mono azo-heterocíclicos diazotizados de 2-aminobenzotiazol e acoplados a 1-naftol, 1-naftilamina e 2-naftol[85]. Estes corantes foram aplicados em tecidos de poliéster, nylon e acrílico. As propriedades de solidez dos tecidos tingidos à lavagem e à luz foram avaliadas, tendo sido também determinadas as caraterísticas físicas, ou seja, a absorção de luz no espetro visível e a temperatura de fusão. A solidez destes corantes à luz é fraca e todos os corantes foram absorvidos na região do visível.

A cetona aromática, 1-(4-amino-3-(benzo[d]tiazol-2-ildiazenil) fenil) etenona, foi preparada por tratamento do sal de diazónio do 2-aminobenzotiazol com 4-aminoacetofenona[86]. Foram efectuados estudos espectroscópicos, tais como UV-Vis,^{1} H e^{13} C NMR, FT-IR e análise elementar para confirmar o ligando. Foram efectuados quelatos metálicos de alguns metais de transição, bem como representados. Os complexos foram caracterizados através de análise elementar, absorção atómica de chama, condutividade e quantificações magnéticas. Os dados analíticos mostraram que todos os complexos têm uma relação metal-ligante de 1:2. Os estudos biológicos de todos os compostos preparados foram avaliados contra diversos tipos de estirpes de micróbios.

O reagente orgânico 4-(6-bromo-2-benzotiazolilazo) pirogalol (4-Br-BTAP) foi preparado por acoplamento de 2-amino-6-bromobenzotiazol diazotizado com pirogalol[87] e melhorado por recristalização. As moléculas sintetizadas foram analisadas por meio de constante física, análise elementar,^{1} H-NMR e espectros FT-IR. A constante de dissociação do reagente orgânico foi avaliada por espetrofotometria. Foram registados os espectros de absorção do 4-Br-BTAP em solventes de diversas polaridades. Foram estabelecidos os usos analíticos do 4-Br-BTAP com Pd II e Cu II.

Foi utilizado um processo conhecido para a síntese de várias aminas benzotiazol substituídas com rendimentos moderados[88] . Estas aminas heterocíclicas são diazotizadas com ácido nitrosil sulfúrico e posteriormente acopladas a N-fenil-2,2-iminodietanol e N, N-dietil anilina para obter corantes azóicos em rendimentos adequados. Estes corantes são estudados por UV-Vis, FT-IR,^{1} H-NMR e análise elementar. O desempenho do solvatocromismo dos compostos azo é examinado através do estudo dos seus espectros em solventes orgânicos mistos e puros de diferentes caraterísticas. Foram também estudados os efeitos da base e do ácido nos máximos de absorção dos corantes.

Os corantes azóicos são preparados por diazotização de 2-amino-1,3-benzotiazol e acoplados a fenóis e anilinas variados. Os corantes recém-sintetizados[89] são caracterizados por UV-Vis,^{1} H-NMR, FT-IR e técnica espetral LC-MS. Os espectros de UV-Visível destes corantes foram estudados para SPR. A avaliação do tingimento destes corantes foi investigada em diferentes tecidos. Verificou-se uma melhor tonalidade em fibras de algodão mordente. Estes corantes azóicos são considerados indicadores eficazes em titulações ácido-base. Poucos deles apresentam um ponto final fino e agudo a um nível distinto. Além disso, a avaliação antimicrobiana destes corantes revelou atividade antibacteriana.

A reação de um pote foi optimizada para sintetizar corantes azo heterocíclicos[90] utilizando BF_3 .SiO_2 suportado em sílica como catalisador. As nano tintas foram preparadas por microencapsulação e aplicadas em métodos de impressão digital em tecidos de algodão e poliamida. As propriedades de solidez das impressões são medidas e os tecidos impressos têm uma solidez brilhante à lavagem e à luz.

O 2-aminobenzotiazol diazotizado e acoplado a compostos 1,3-dicarbonílicos[91] viz. acetoacetato de metilo, acetoacetanilida e benzoil acetona produziu um novo grupo de sistemas de ligandos tridentados. Os compostos foram caracterizados por FT-IR,^{1} H-NMR, ^{13} C-NMR e dados de espectros de massa. Concluiu-se que a ligação de hidrogénio intramolecular na forma tautomérica azo-enol em que um grupo >C=O tinha enolizado e H ligado a um átomo de N azo (-N=N-). Os compostos formaram complexos estáveis com Zn II, Cu II e Ni II. Os dados analíticos, FT-IR,^{13} C-NMR,^{1} H-NMR e os dados do espetro de massa dos complexos são dependentes da remoção do protão enol quelatado do ligando com um ião metálico, conduzindo assim a um quelato estável de 6 anéis de membros, incluindo um N cíclico, um dos azoto azo e o O enolado. Os quelatos de Zn II são diamagnéticos por natureza, enquanto os quelatos de Cu II e Ni II exibem um comportamento paramagnético.

A (E)-2-(benzo[d]tiazol-2-iliazenil)-4-metoxianilina[92] foi preparada através da reação do sal de diazónio do 2-aminobenzotiazol com a 4-metoxianilina. Estes ligandos foram caracterizados por técnicas espectrais tais como UV-Vis,^{1} H-NMR, FT-IR e LC-MS com análise micro elementar. Os complexos de Co^{2+} , Ni^{2+} , Cu^{2+} e Zn^{2+} foram preparados e caracterizados por análise elementar, A.A.S. (Espectrómetro de absorção atómica), UV-Vis e métodos espectrais de infravermelhos. A absorvência molar de altura das soluções dos compostos sintetizados foi examinada. Os dados analíticos mostraram que todos os complexos têm uma relação metal-ligante de 1:2. Os estudos biológicos de todas as moléculas foram avaliados em relação a diferentes tipos de estirpes antimicrobianas.

Foram preparados e estudados os diferentes tipos de éteres benzotiazol-fenilo 4-((6-etoxibenzotiazol-2-il)diazenil)bromoalcoxibenzeno[93] em que o grupo exocíclico N=N está presente entre o benzotiazol substituído por etoxi e um fenil bromoalcoxi. O comportamento de transição de fase do composto azo foi associado à diferença de cadeia alquílica flexível com n unidades de grupo CH_2 (5-12). A estabilidade térmica, tal como verificada pela transição de temperatura na gama de homólogos em estudo, depende do comprimento das unidades CH_2 .

A reação de diaminas alifáticas [1,6-diaminohexano, 1,2-diaminoetano e 1,3-diaminopropano] com 3-[2-(1,3-benzotiazol-2-il) hidrazinilideno] pentano-2,4-diona em condições específicas deu origem a um novo grupo de ligandos de base de Schiff polidentados[94] . Os dados analíticos, FT-IR, 1 H-NMR e os espectros de massa revelaram a existência de uma ligação H intramolecular sob a forma de ceto-imina. A coordenação dibásica tetradentada N4 das moléculas nos seus complexos [M = Cu (II), Ni (II) e Zn (II)] foi demonstrada com base em estudos espectrais e analíticos.

Os corantes azo são sintetizados pela reação de aminas aromáticas e fenóis substituídos com 2-amino-1,3-benzotiazol[95] . As estruturas dos corantes azo e das bases de Schiff foram confirmadas por uma técnica espectroscópica, como[1] H-NMR, FT-IR, massa e UV-Vis. A capacidade de tingimento dos corantes azo foi efectuada utilizando os corantes azo em vários tecidos. Estas moléculas foram também testadas contra uma seleção de bactérias gram-negativas e gram-positivas utilizando o método de difusão em ágar.

Os corantes heterocíclicos (azo) e as suas bases de Schiff consistentes foram sintetizados por diazotização e reacções de formação de bases de Schiff entre os 2-aminobenzotiazóis substituídos[96] , para obter alguns corantes vermelhos dispersos com elevado desempenho e comparar as diferenças espectrais e estruturais entre os corantes azo e as bases de Schiff. Os corantes azo e as bases de Schiff estudados têm o mesmo benzotiazol/fenol, mas grupos substituintes variados no anel fenílico.

Os cristais líquidos baseados no esqueleto de azo-fenil benzotiazol com diversos substituintes na posição 3rd do anel benzénico central são sintetizados[97] e caracterizados. Os compostos foram caracterizados utilizando FT-IR e[1] H-NMR, espetrometria de massa e também análise elementar. O comportamento térmico da mesofase destas moléculas de cristais líquidos é analisado para mostrar uma fase nemática enantiotrópica, excluindo os compostos que contêm o grupo OH. As propriedades mesomórficas das moléculas cristalinas líquidas de azo-fenil benzotiazol são comparadas com estes compostos para avaliar o efeito da natureza dos substituintes no seu comportamento mesomórfico.

Os complexos metálicos de Fe^{+3} , Cr^{+3} , Cu^{+2} , Ni^{+2} , e Co^{+2} com o ligando corante a partir do 2-aminobenzotiazol foram preparados[98] e analisados por absorção atómica, análise de microelementos, métodos espectrais e também o comportamento magnético dos complexos e a condutância molar medida. Os dados mostram que todos os complexos têm geometrias octaédricas na fórmula $[ML_2 (H_2 O)_2]X$, onde M = Cu^{+2} / Co^{+2} , X = Cl^{-1} para Fe^{+3} / Cr^{+3} exceto $[NiL_2]Cl_2$ que era quadrado planar. A atividade biológica do ligando e dos complexos foi avaliada contra diferentes tipos de bactérias e fungos, nomeadamente Serratia marcescens, Pseudomonas aeruginosa, Staphylococcus e Klebsiella.

A **Tabela 1** indica alguns dos derivados de compostos azóicos amino-benzotiazóis, os seus usos, complexos metálicos e aplicações.

5. Tabela

Tabela 1: Derivados de compostos aminobenzotiazol-azo, seus usos, complexos metálicos e aplicações com referências.

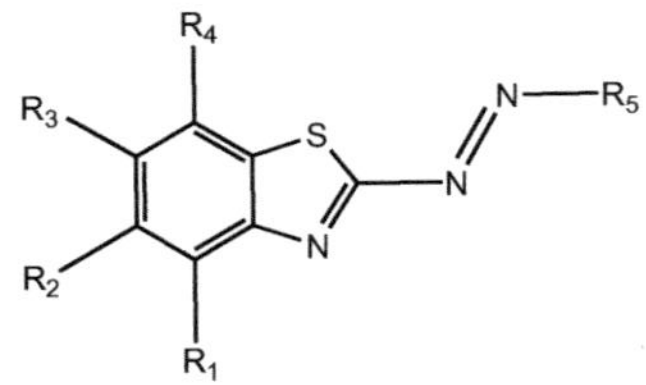

N.º Sr.	R_1	R_2	R_3	R_4	R_5	Utilização	Bioatividade	Estudos efectuados	Metal utilizado	Ref
1	H	H	H	H	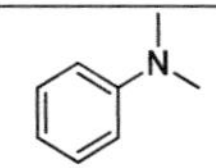	Método prático e económico para a síntese de corantes azóicos, associado a derivados do naftol 8-hidroxi-quinolona e N, N-dimetil anilina para obter corantes azóicos.	Os compostos sintetizados provaram ser mais seguros até à dosagem máxima e mostram uma atividade antimicrobiana e antioxidante in vitro significativa. Os corantes mostraram uma potencial atividade antimicrobiana e	UV-Vis FTIR ^{1}H-NMR DPPH	-	36
2	H	H	H	H	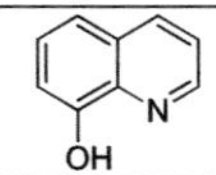					

3	H	H	H	H	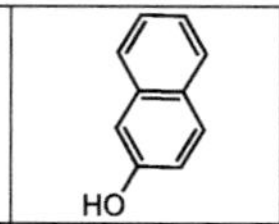		antifúngica contra agentes patogénicos importantes como *A. Flavus, C. Albicans* e *C. Keratinophilum, mas* não têm boa atividade contra os fungos quando comparados com bactérias clinicamente significativas como *P. aeruginosa, E. coli e S. aureus.*			
4	H	H	H	H	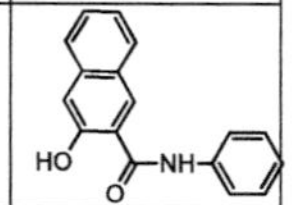					
5	H	H	H	H	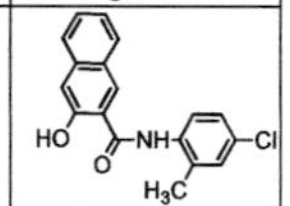					
6	H	H	H	H	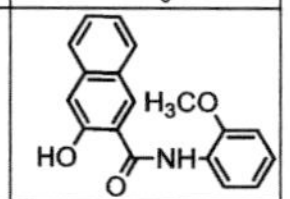					
7	H	H	H	H	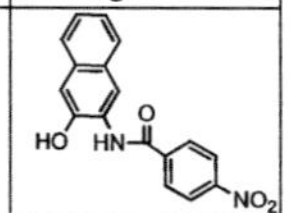					
8	H	H	H	H	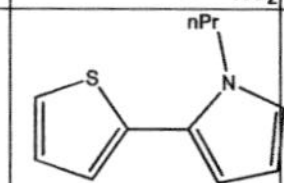	Sintetizámos uma série de novos corantes azóicos com polaridades normais ou inversas. Ao alterar a posição da ligação do heterociclo benzotiazol (2/6) à ponte azo, as propriedades electroquímicas e as	-	^{1}H NMR Eletroquímico Propriedades térmicas	-	37
9	H	H	H	H	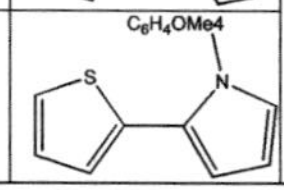					

10	H	H	H	H	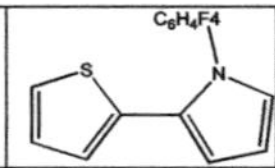	propriedades ópticas lineares e não lineares destes sistemas conjugados π assimétricos push-pull bem definidos podem ser facilmente ajustadas.				
11	H	H	CH_3	H	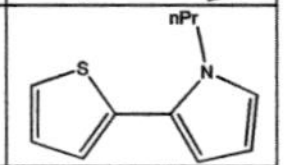					
12	H	H	CH_3	H	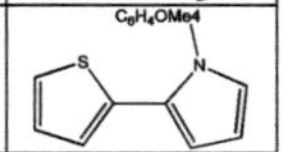					
13	H	H	CH_3	H	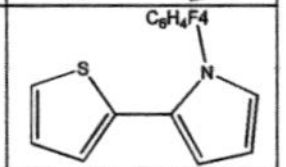					
14	H	H	CH_3	H	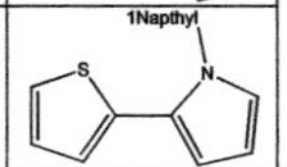					
15	H	H	H	H	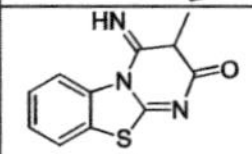 **10a**	Devido à interação entre os solventes polares e o átomo de H ou hetero presente nos compostos, o desempenho solvatocrómico é muito forte, tendo sido estudado em diferentes solventes polares. A formação de ligações H afecta principalmente o fenómeno cromo trópico.	Os compostos **10b** e **10d** apresentaram melhores actividades antibacterianas do que outros. A CIM dos compostos sintetizados **10c** contra *A. flavus*, organismos extremamente inibidos, foi registada no composto **10b**, que mostrou uma boa CIM de 100 µg/mL contra *C. albicans*.	UV-Vis IR [1]Espectrometria de massa H-NMR	-	38
16	H	H	NÃO₂	H	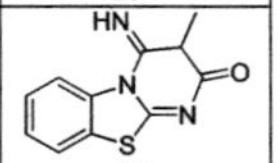 **10b**					
17	H	H	H_3 CH_2 CO	H	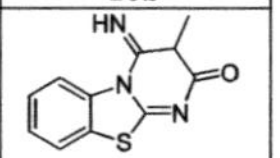 **10c**					

18	H	H	H_3CO	H	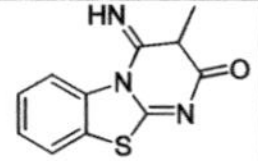 **10d**				
19	H	H	H	H	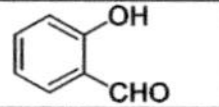	As imidazolidinas, também conhecidas como tetrahidroimidazóis, são compostos heterocíclicos com N biologicamente activos que foram descritos como apresentando uma vasta gama de actividades biológicas significativas.	As imidazolidinas recentemente preparadas mostraram actividades superiores às da gentamicina contra bactérias Gram-positivas e alguns compostos também mostraram melhores actividades contra bactérias Gram-negativas quando comparadas com as do medicamento de controlo (Gentamicina).	FTIR, ^{1}H-NMR UV-Vis	-	39
20	H	H	H	H	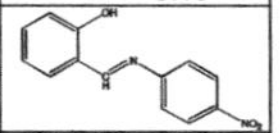					
21	H	H	H	H	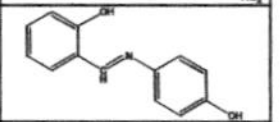					
22	H	H	H	H	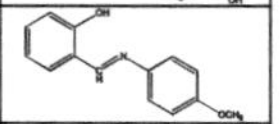					
23	H	H	H	H	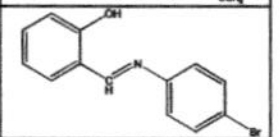					
24	H	H	H	H	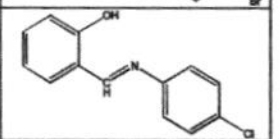					
25	H	H	H	H	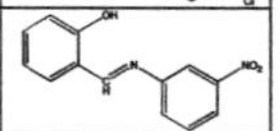					
26	H	H	H	H	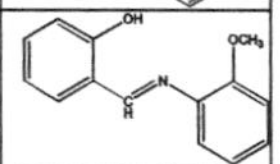					
27	H	H	H	H	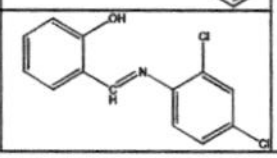					

28	H	H	H	H	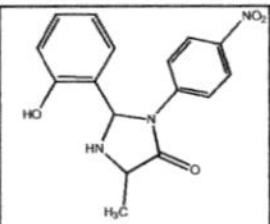 **11a**					
29	H	H	H	H	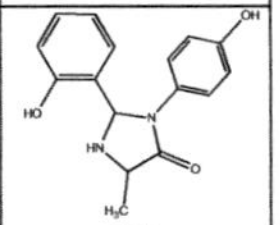 **11b**					
30	H	H	H	H	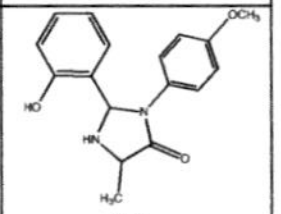 **11c**					
31	H	H	H	H	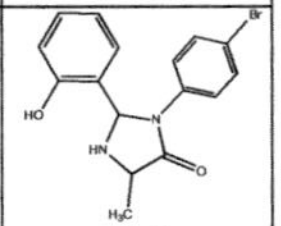 **11d**					
32	H	H	H	H	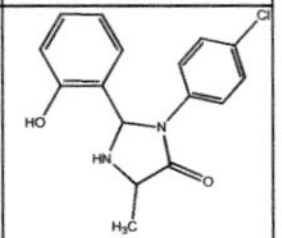 **11e**					

33	H	H	H	H	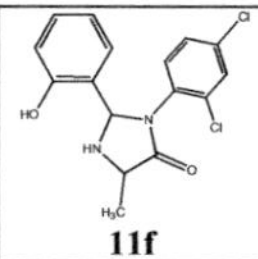 **11f**					
34	H	H	H	H	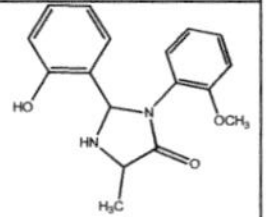 **11g**					
35	H	H	H	H	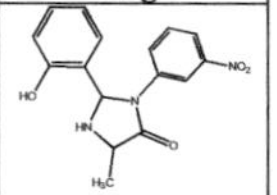 **11h**					
36	H	H	H	H	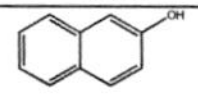	O 6-substituído-2-aminobenzotiazol pode ser uma molécula líder e forte destinada a introduzir novos agentes antimicrobianos	Estes compostos foram analisados quanto à atividade antimicrobiana *in vitro* contra quatro bactérias patogénicas, nomeadamente *S. aureus, S. pyrogens, E. coli* e *P. mirabilis*, utilizando a ciprofloxacina como medicamento padrão. A atividade antifúngica in *vitro* destes compostos foi analisada contra fungos patogénicos *C. albicans e A. fumigatus*, utilizando a anfotericina B como medicamento padrão.	TLC FT-IR RMN M.P.		40
37	H	H	CH_3	H						
38	H	H	OCH_3	H						
39	H	H	Cl	H						
40	H	H	$NÃO_2$	H						

41	H	H	CH O3	H	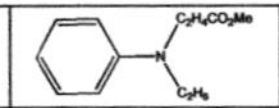	Relação entre os valores dos matizes de tingimento (ho) e os máximos de absorção (λmax) das soluções metanólicas dos corantes.	-	UV-Vis εmax ΔE	-	41
42	H	H	CH O3	H	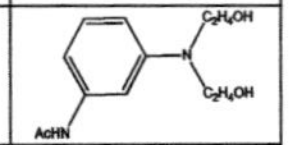					
43	H	H	CH O3	H	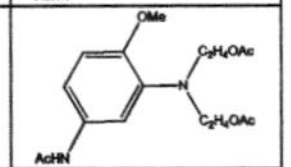					
44	H	H	CH O3	H	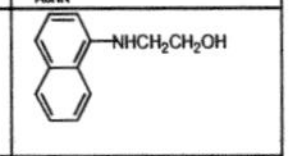					
45	H	H	NÃO2	H	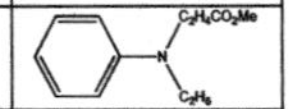					
46	H	H	NÃO2	H	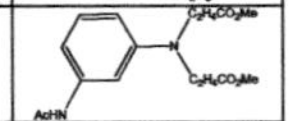					
47	H	H	NÃO2	H	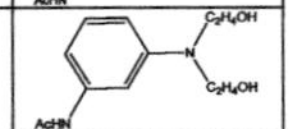					
48	H	H	NÃO2	H	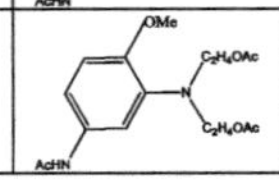					

49	H	H	H	H	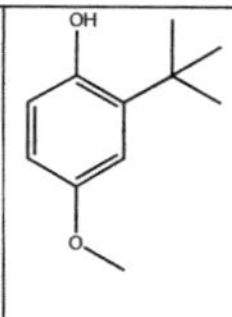	O estudo de acoplamento molecular in silico descreveu que o novo composto azo com variabilidade de interações estreitas com locais de ligação eficazes da proteína EGFR em tecidos de cancro do pulmão, o que apoia a conceção de um agente de quimioterapia potente. A eficácia anticancerígena dos novos compostos azo bioeficazes foi explorada pela atividade citotóxica contra a linha celular do cancro do pulmão e observou-se que ambos são activos anticancerígenos.	A atividade antioxidante, como as actividades de eliminação do radical DPPH e de poder redutor, mostrou que os novos compostos azóicos incluem uma propriedade antirradicalar considerável, especialmente os compostos azóicos 2-(benzo[d]tiazol-2-ildiazenil) -6-(tertbutyl) -4- metoxifenol e 2-(benzo[d]tiazol-2-ildiazenil)benzeno-1,3,5-triol apresentaram uma eficiência antioxidante significativa. Da mesma forma, na avaliação antibacteriana, os compostos azóicos 2-(benzo[d]tiazol-2-tildiazenil) -6-(tertbutil) -4-metoxifenol e 2-(benzo[d]tiazol-2-tildiazenil)benzeno-1,3,5-triol mostram um efeito notável de resistência bacteriana em agentes patogénicos humanos.	UV-Vis FT-IR ^{1}H-NMR ^{13}C-NMR LC-MS	-	42
50	H	H	H	H	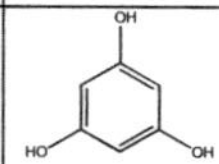					
51	H	H	H	H	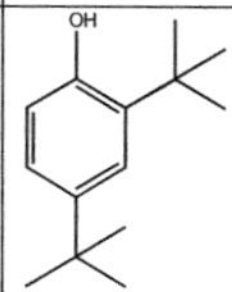					
52	H	H	H	H	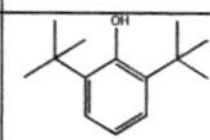					
53	H	H	H	H	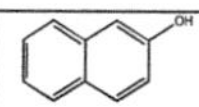	Foi desenvolvido um quimiosensor eficiente e económico capaz de detetar seletivamente o ião Hg^{2+} , em	-	UV-Vis FT-IR, ^{1}H-NMR ^{13}C-NMR	-	43
54	H	NÃO$_2$	H	H						
55	H	CH$_3$	H	H						
56	H	OCH$_3$	H	H						

57	H	NÃO2	H	H	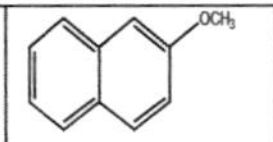	meio aquoso e numa tira de papel de teste. O sensor de quimio funcionou como um sistema em tempo real, sensível e visível a olho nu sensor colorimétrico para o ião Hg^{2+} .				
58	H	H	CH O3	H	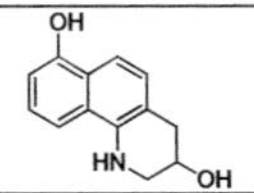	Os corantes azóicos parecem não oferecer vantagens sobre os isómeros Z-amino. Estão registados corantes azuis, 3-amino-2-nitro-4ciano-5-3-Aminobenzotiofenos e 3-amino-piridinas, que são 3-aminotiofenos com anéis benzo e piridino fundidos, respetivamente, dão corantes laranja a vermelho com acopladores comuns do tipo anilina.	-	-	-	44
59	H	H	CH O3	H	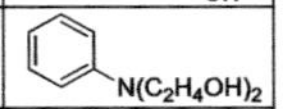					
60	H	H	NÃO2	H	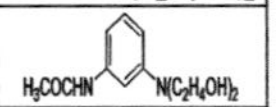					
61	H	H	CH3 SO2	H	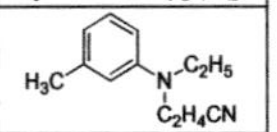					
62	H	H	CH NHO S32	H	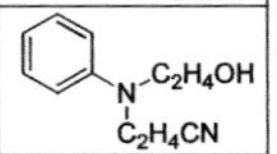					
63	H	H	NÃO2	H	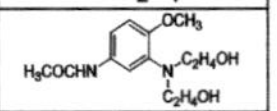					
64	H	H	CH3	H	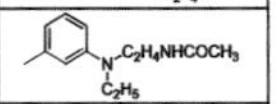					
65	H	H	CH O3	H	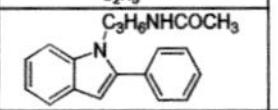					

66	H	H	NÃO2	H	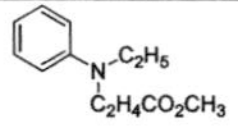					
67	H	H	H	H	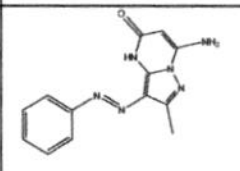	Novos heterocíclicos os corantes azo foram Os comportamentos preparados e solvatocrómicos dos corantes foram estudados por utilizando o espetrómetro de absorção ultravioleta-visível. Os dados experimentais foram apoiados por funcionais de densidade utilizando cálculos ao nível b3lyp/cc-pvtz, e uma análise pormenorizada das estruturas tautoméricas previstas foi feito	-.	UV-Vis Análise elementar FTIR ^{1}H NMR	-	45
68	H	H	OMe	H	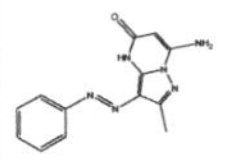					
69	H	H	Eu	H	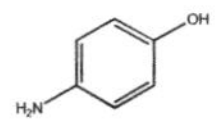	O adsorvente apresentou caraterísticas que são desejáveis para materiais utilizados em sistemas de extração em fase sólida, tais como resistência ao inchaço e a variações de pH, baixa resistência à passagem do fluxo e simplicidade na preparação. Além disso, quando aplicado a	-	FT-IR Análise térmica diferencial (DTA) Análise termogravimétrica (TGA)	Zn(II) Hg(II) Cd(II) U(VI) Ag(I)	46

						sistema de pré-concentração, fase sólida que fornece um método simples e sensível para determinação de cádmio e chumbo por FAAS. O material sintetizado é um bom alternativa para a determinação destes elementos.				
70	H	Cl	Cl	H	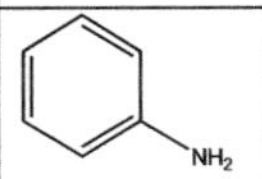		-	UV-Vis, Espectro de massa, Cromatografia em coluna	-	47
71	H	Cl	Cl	H	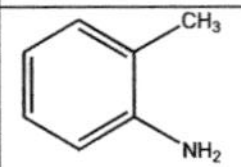					
72	H	Cl	Cl	H	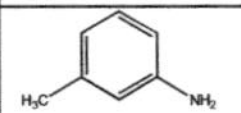					
73	H	Cl	Cl	H	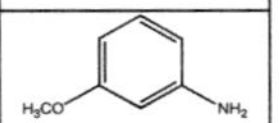					
74	H	Cl	Cl	H	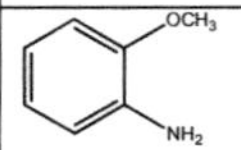					

75	H	Cl	Cl	H	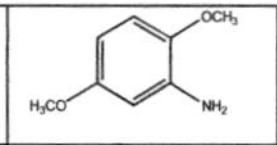	Estimativa dos efeitos dos substituintes na cor dos corantes. Diazotização - processo de acoplamento de intermediários mono azo que retêm essencialmente sistemas de fase aquosa adequados para 4-aminoazobenzeno com base em dis azo alguns corantes eram insatisfatórios,				
76	H	Cl	Cl	H	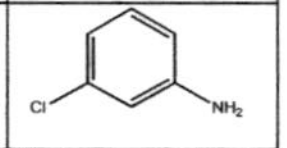					
77	H	Cl	Cl	H	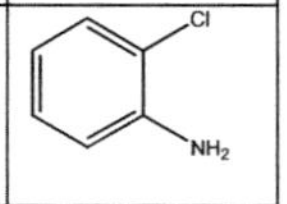					
78	H	Cl	Cl	H	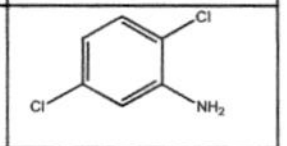					
79	H	Cl	Cl	H	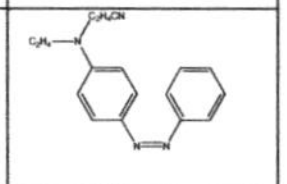					
80	H	Cl	Cl	H	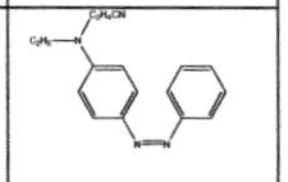					
81	H	Cl	Cl	H	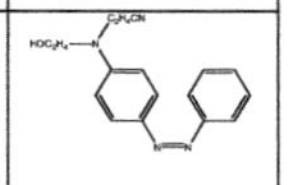					
82	H	Cl	Cl	H	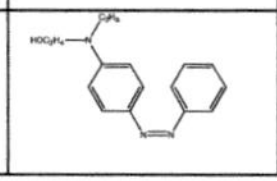					

83	H	Cl	Cl	H	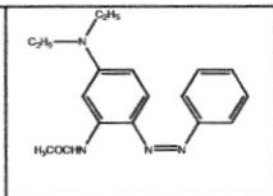					
84	H	Cl	Cl	H	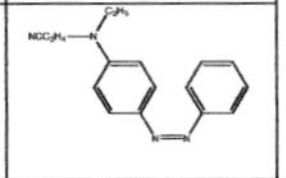					
85	H	Cl	Cl	H	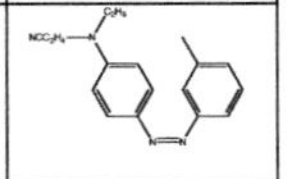					
86	H	Cl	Cl	H	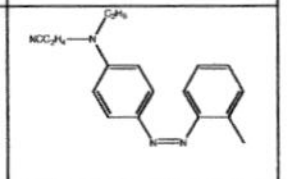					
87	H	Cl	Cl	H	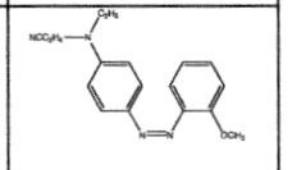					
88	H	Cl	Cl	H	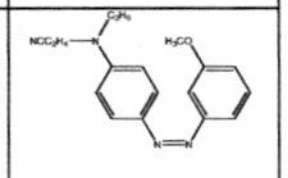					
89	H	Cl	Cl	H	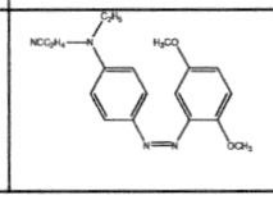					

90	H	Cl	Cl	H	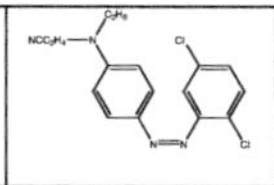					
91	H	Cl	Cl	H	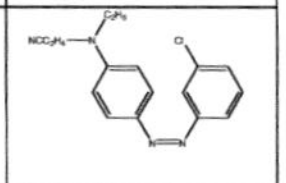					
90	H	Cl	Cl	H	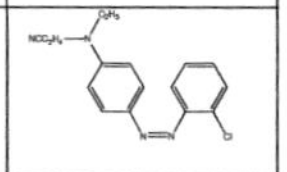					
93	H	H	H	H	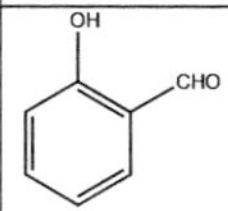		-	^{1}H-NMR Espectro de massa FT-IR		48
94	H	H	H	H	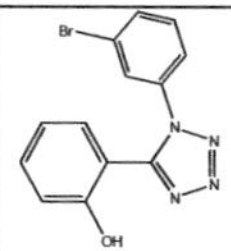					
95	H	H	H	H	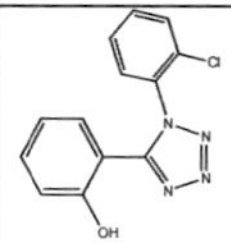					

96	H	H	H	H	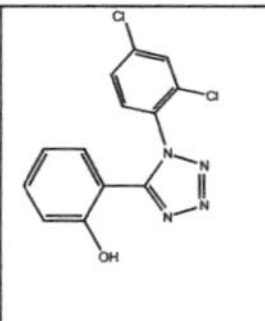	Os corantes azo foram sintetizados por acoplamento do ião diazónio com salicilaldeído e, em seguida, as iminas foram preparadas por reação com várias anilinas. Estas iminas foram inseridas em reação com NaN3 para formar tetrazóis. As taxas de reação destes tetrazóis aumentaram com a diminuição da retirada de electrões causada pelo substituinte no benzeno.				
97	H	H	H	H	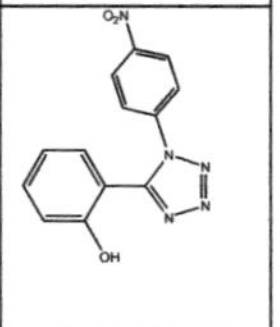					
98	H	H	H	H	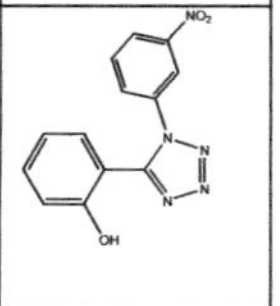					
99	H	H	H	H	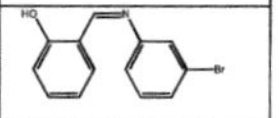					
100	H	H	H	H	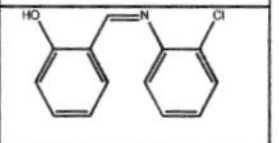					

101	H	H	H	H	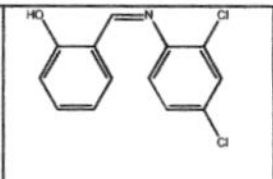					
102	H	H	H	H	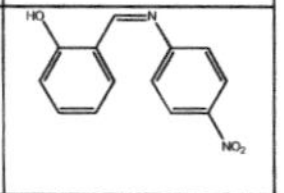					
103	H	H	H	H	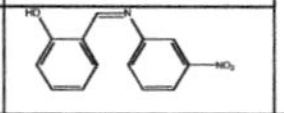					
104	H	SO H3	Eu	H	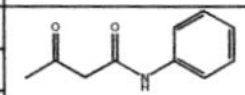	Foram preparados vários novos corantes azóicos de benzotiazóis ácidos. Os ácidos sulfónicos nos corantes conferem estas solubilidades adequadas para tingir suportes proteicos como o crómio peles e couros curtidos.		M.P. UV-Vis Espectro de massa FTIR	-	49
105	H	SO H3	OMe	H						
106	H	SO H3	Cl	H						
107	H	SO H3	NÃO2	H						
108	H	SO H3	Eu	H	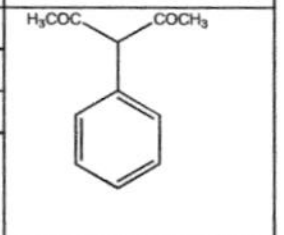					
109	H	SO H3	OMe	H						
110	H	SO H3	Cl	H						
111	H	SO H3	NÃO2	H						
112	H	SO H3	Eu	H	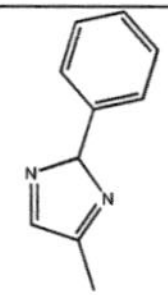					
113	H	SO H3	OMe	H						
114	H	SO H3	Cl	H						
115	H	SO H3	NÃO2	H						
116	H	SO H3	Eu	H	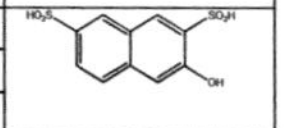					
117	H	SO H3	OMe	H						
118	H	SO H3	Cl	H						

119	H	SO_3H	NÃO$_2$	H						
120	H	SO_3H	Eu	H	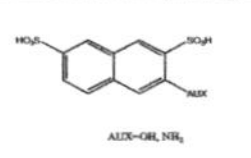					
121	H	SO_3H	OMe	H						
122	H	SO_3H	Cl	H						
123	H	SO_3H	NÃO$_2$	H						
124	H	SO_3H	Eu	H	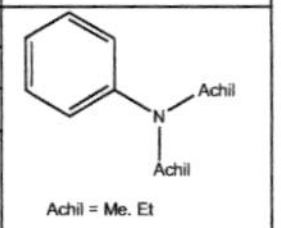					
125	H	SO_3H	OMe	H						
126	H	SO_3H	Cl	H						
127	H	SO_3H	NÃO$_2$	H						
128	H	H	OMe	H	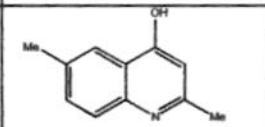					
129	H	H	OMe	H	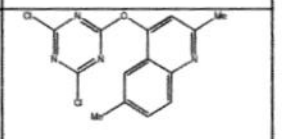					

130	H	H	OMe	H	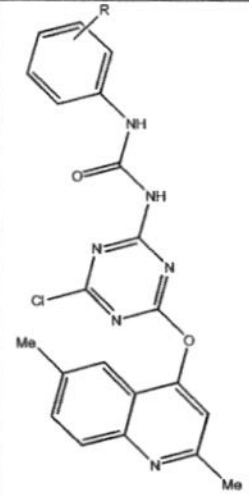 R= Me, OMe, OEt, Cl, H	As moléculas sintetizadas eram tóxicas contra as bactérias. A comparação da atividade antibacteriana e antifúngica destes com medicamentos padrão mostra que a presença de grupos metoxi e halogéneo (-Cl) em o anel fenilo aumenta a atividade antimicrobiana. Verificou-se que a sua potência é inferior do que a dos medicamentos convencionais, mas a sua toxicidade aguda é significativamente menor.	Os compostos sintetizados foram analisados quanto à atividade antifúngica contra *C. albicans, A. Niger* pelo método de difusão em placa e as actividades antibacterianas dos compostos foram estudadas contra Bactérias Gram-negativas *E. coli* & *S. typhi* e bactérias Gram-positivas *S. pyogenes* & *S. aureus*	FT-IR, ^{1}H NMR Espectros de massa	-	50
131	H	H	H	H	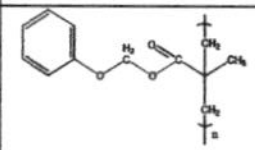	Foram efectuados estudos solvatocrómicos destes compostos e não se verificou qualquer variação regular na intensidades de absorção e emissão com variação da polaridade do solvente.	-	^{1}H NMR^{13}C NMR UV-Vis e Fluorescência	-	51
132	H	H	CH_3	H						
133	H	H	OCH_2CH_3	H						

134	H	H	ClC H O_{24}	H	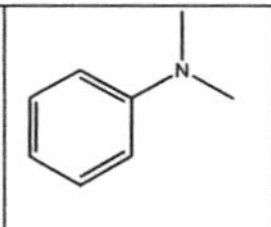	Os corantes sintetizados foram quaternizados com vários agentes alquilantes e a absorvência molar destes corantes foi avaliada.	-	-	UV-Vis RMN FTIR Análise elementar	52
135	H	H	ClC H O_{24}	H	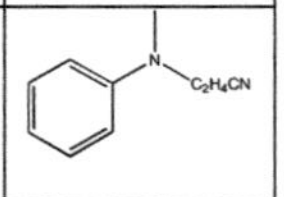					
136	H	H	ClC H O_{24}	H	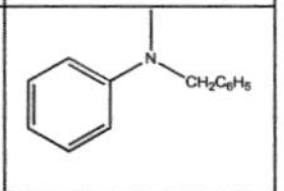					
137	H	H	ClC H O_{24}	H	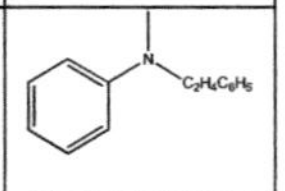					
138	H	H	ClC H O_{24}	H	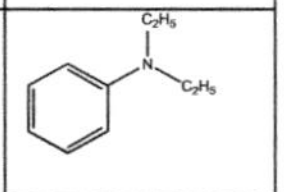					
139	H	H	ClC H O_{24}	H	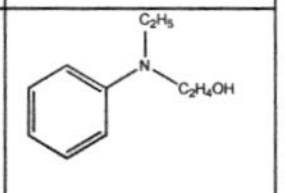					

140	H	H	ClC H O_{24}	H	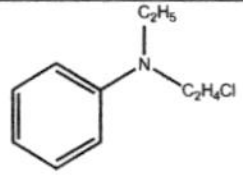					
141	H	H	ClC H O_{24}	H	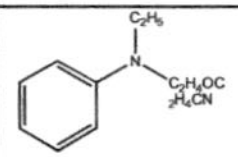					
142	H	H	ClC H O_{24}	H	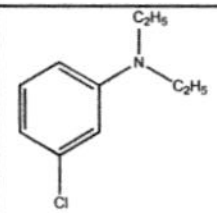					
144	H	H	ClC H O_{24}	H	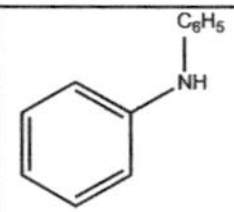					
145	H	H	ClC H O_{24}	H	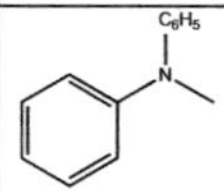					
146	HO C H O_{24}	H	H	H	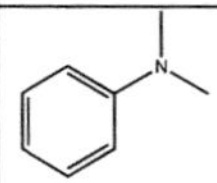					

147	HO C H O_{24}	H	H	H	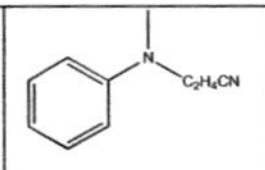				
148	HO C H O_{24}	H	H	H	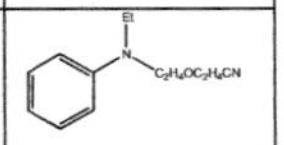				
149	H	H	H	H	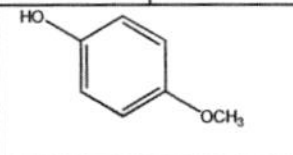	As reacções de cor e fluorescência de iões metálicos com derivados de benzotiazóis foram estudadas através de testes pontuais. Na formação de complexos metálicos em solução, a mudança de cor dos derivados 2-substituídos foi mais notável do que a dos derivados 4 e 7-substituídos. No entanto, como reagentes fluorométricos para iões metálicos, os derivados de 4-amino-benzotiazol foram superiores aos derivados de 2-amino e 7-amino-benzotiazol.	-	-	Co II Mn II Cu II Zn II Ni II Hg II Cd II Bi III Ag I Pb II	53
150	H	H	H	H	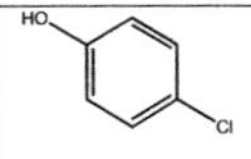					
151	H	H	H	H	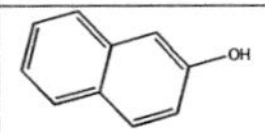					
151	H	H	OC H_{25}	H	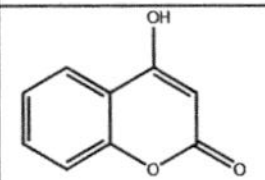	Foram estudados os cálculos computacionais e a otimização geométrica dos novos corantes azo sintetizados. Além disso, os parâmetros químicos quânticos foram avaliados para compreender o conceito de atividade estrutural dos corantes.	Os compostos recém-preparados foram capazes de mostrar atividade inibitória significativa contra os micróbios testados. O acoplamento molecular in silico mostrou uma atividade	UV-Vis FT-IR RMN Massa espectros DFT	-	54

							propriedades de ligação dos compostos ao recetor-alvo RpsA			
152	H	H	H	H	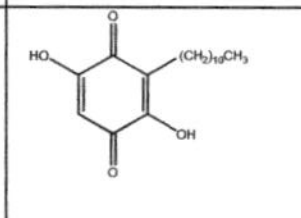	foram sintetizados novos compostos azo de embelina com 2-aminobenzotiazol. O composto preparado 6-(2′-benzotiazolilazo) embelina (H2ABTE) (I) foi complexado com Mn(III) utilizando cloreto, nitrato, acetato e perclorato como contra-ânions.	Os complexos sintetizados foram analisados quanto às actividades antibacteriana, antifúngica e anti-helmíntica, tendo-se verificado que os complexos apresentavam uma atividade superior à do ligando.	-	Mn (III)	55
153	H	H	n-C H_{1021}	H	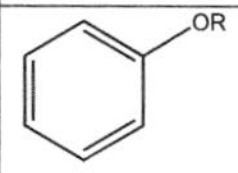 R=n-Cn-H_2n_{+1} n=3-10	As propriedades mesomórficas dos corantes foram estudadas e um estudo comparativo das influência do grupo de ligação no mesomorfismo dos materiais.	-	^{13}C-NMR ^{1}H-NMR Análise elementar	-	56
154	H	H	C H_{49}	H	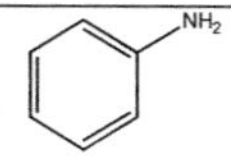	Os corantes sintetizados apresentaram maior solubilidade e maior batocromaticidade do que os derivados alquílicos correspondentes, estes corantes também apresentaram bom dicroísmo.	-	UV-Vis ^{1}H NMR Espectros de massa Análise elementar	-	57
155	H	H	C H_{49}	H	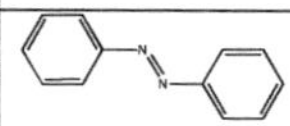					
156	H	H	H	H	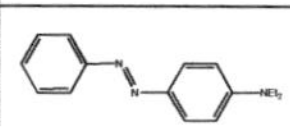					
157	H	H	C H_{49}	H						
158	H	H	C F_{49}	H						
159	H	H	C F_{613}	H						

160	H	H	C F$_{49}$ CH$_2$ CH S$_2$	H						
161	H	H	C F S$_{49}$	H						
162	H	H	C H$_{49}$	H	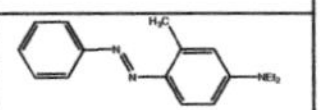					
163	H	H	C F$_{49}$	H						
164	H	H	H	H	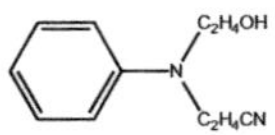	Os corantes sintetizados proporcionam uma boa coloração de poliéster e a máxima solidez à luz foi evidente nos corantes preparados a partir de componentes diazo envolvendo substituintes nitro.	-	M.P. FT-IR ^{1}H NMR Análise elementar	-	58
165	Cl	H	H	H						
166	H	H	Cl	H						
167	Br	H	H	H						
168	H	H	Br	H						
169	F	H	H	H						
170	H	H	F	H						
171	SO$_2$ Me	H	H	H						
172	H	H	SO$_2$ Me	H						
173	H	H	CN	H						
174	CF$_3$	H	H	H						
175	H	H	CF$_3$	H						
176	NÃ O$_2$	H	H	H						
177	H	H	NÃO$_2$	H						
178	H	H	SCN	H						
179	H	H	OMe	H						
180	H	H	Eu	H						
181	H	H	NHAc	H						
182	NÃ O$_2$	H	NÃO$_2$	H						

183	NÃ O_2	H	SO_2 Me	H						
184	CF_3	H	NÃO_2	H						
185	H	H	OMe	H	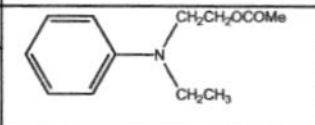	As propriedades de tingimento e solidez à luz destes corantes foram discutidas e estimada. Estes corantes eram de média a alta absorção em acetato de celulose, excelente solidez à lavagem e a solidez moderada a elevada à luz depende dos heterocíclicos e profundidade do tingimento.	-	UV-Vis ^{1}HNMR Análise elementar	-	59
186	H	H	NÃO_2	H						
187	H	H	OMe	H	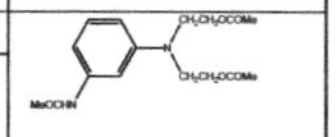					
188	H	H	NÃO_2	H						
189	H	H	H	H	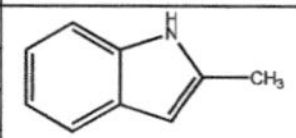	As propriedades solvatocrómicas dos corantes sintetizados foram examinadas em diferentes solventes, tendo também sido estudada a atividade antimicrobiana destes corantes.	A atividade antimicrobiana dos corantes preparados foi avaliada contra as estirpes bacterianas M. leuteus, B. subtilis, E. coli e P. aeruginosa. Os resultados mostraram que alguns destes corantes são potenciais compostos antibacterianos.	UV-Vis FT-IR ^{1}H NMR	-	60
190	H	H	Eu	H						
191	H	H	OMe	H						
192	H	H	Cl	H						
193	H	H	Br	H						
194	H	C H_{24}		H						
195	H	H	EtO	H	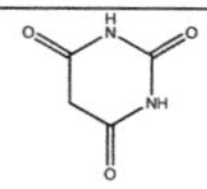	O corante sintetizado apresenta excelentes propriedades corantes devido à presença de	-	UV-Vis FT-IR ^{1}H NMR ^{13}C NMR Análise elementar	-	61

196	H	H	EtO	H	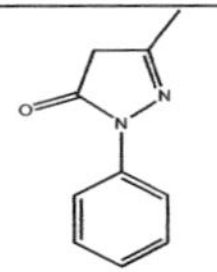	cromóforos no seu esqueleto e actuam como bons mediadores de troca de electrões em processos redox reacções. O comportamento eletroquímico dos corantes azo foi estudado em carbono vítreo utilizando o método de voltametria cíclica.				
197	H	H	EtO	H	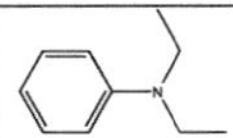					
198	H	H	H	H	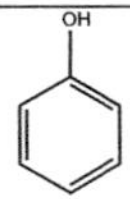	Os valores de pKa (constantes de dissociação de protões) dos compostos sintetizados foram determinados em soluções tampão aquosas contendo proporções variáveis de compostos orgânicos solventes de diferentes polaridades. Efeitos de Foram também discutidas as interações de ligação H e a basicidade do solvente no processo de ionização.	-	Ângulo diedro Momento de dipolo (D) Espectros de absorção eletrónica	-	62
199	H	H	H	H	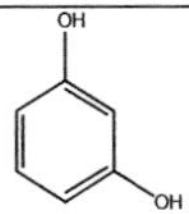					
200	H	H	H	H	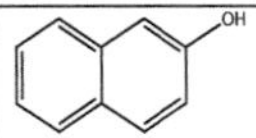					
201	H	H	OMe	H		Efeitos solvatocrómicos de vários	-	UV-Vis FT-IR	-	63

					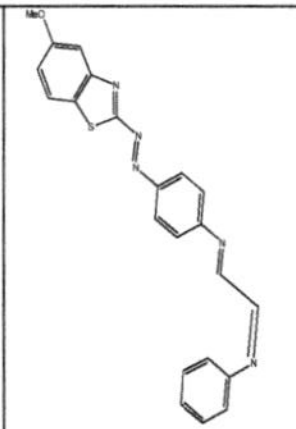	foram estudados e os corantes foram excitados a 279-355 nm e apresentou emissão de fluorescência numa gama alargada, ou seja, 428-573 nm com intensidades baixas e médias. As propriedades de solidez destes corantes são boas a excelentes e três derivados de 3-azo-1,2,4-triazóis são utilizados como indicadores de pH na gama de pH 11-13.		^{1}H-NMR Análises elementares		
202	H	H	H	H	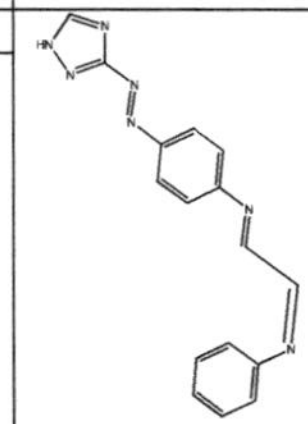					
203	H	H	OMe	H						
204	H	H	H	H	C H_{66}	O novo método sintético foi útil para o processo clássico de diazotização utilizado para a preparação de azo dispersos corantes, a presença de um grupo libertador de electrões	-	M.P. UV-Vis	-	64
205	H	H	H	H	2-Cl-C H_{65}					
206	H	H	NÃO_2	H	3-CH_2 OH-C H_{65}					
207	H	H	NÃO_2	H	C H_{66}					
208	H	H	NÃO_2	H	2-CO H-C6H5$_2$					
209	H	H	NÃO_2	H	2-Cl-C H_{65}					
210	H	H	NÃO_2	H	3-Cl-C H_{65}					
211	H	H	NÃO_2	H	3-CH_2 OH-C H_{65}					

212	H	H	NÃO$_2$	H	4-F-C H_{65}	na posição para, ou equivalente, da ligação já não é um pré-requisito para a conclusão da reação de condensação.				
213	H	H	NÃO$_2$	H	4-Cl-C H_{65}					
214	H	H	NÃO$_2$	H	4-I-C H_{65}					
215	H	H	NÃO$_2$	H	4- NO -C H_{265}					
216	H	H	NÃO$_2$	H	4- NO -C H_{265}	Utilização de novos 2-nitrosobenzotiazóis como sintetizadores para aceder Novos corantes azo benzotiazóis por condensação com várias aminas aromáticas, principalmente os que contêm grupos retiradores de electrões no componente de acoplamento foi alargada com sucesso. Assim, seis novos azo benzotiazóis corantes com libertação de electrões no acoplador de anilina foram sintetizados em rendimentos moderados a bons.	O efeito da polaridade do solvente na absorção foram estudados.	^{1}H NMR ^{13}C NMR Espectro de massa FTIR UV-Vis	-	65
217	H	H	H	H	2-Cl-C H_{65}					
218	H	H	H	H	2-Cl-C H_{65}					
219	H	H	H	H	3-Cl-C H_{65}					
220	H	H	H	H	4-Cl-C H_{65}					
221	H	H	H	H	3-Cl-C H_{65}					
222	H	H	H	H	4-I-C H_{65}					
223	H	H	H	H	3-CH_2 OH-C H_{65}					
224	H	H	H	H	4-F-C H_{65}					
225	H	H	H	H	4- NO -C H_{265}					
226	H	H	H	H	4- NHCOCH -C H_{365}					
227	H	H	H	H	2- NHCOCH -C H_{365}					
228	H	H	H	H	2-OCH -C H_{365}					
229	H	H	H	H	4-OCH -C H_{365}					
230	H	H	H	H	2-SCH -C H_{365}					
231	H	H	H	H	4-SCH -C H_{365}					
232	H	H	NÃO$_2$	H	2-Cl-C H_{65}					
233	H	H	NÃO$_2$	H	2-Cl-C H_{65}					
234	H	H	NÃO$_2$	H	3-Cl-C H_{65}					
235	H	H	NÃO$_2$	H	4-Cl-C H_{65}					
236	H	H	NÃO$_2$	H	3-Cl-C H_{65}					
237	H	H	NÃO$_2$	H	4-I-C H_{65}					
238	H	H	NÃO$_2$	H	3-CH_2 OH-C H_{65}					
239	H	H	NÃO$_2$	H	4-F-C H_{65}					
240	H	H	NÃO$_2$	H	4- NO -C H_{265}					

241	H	H	NÃO_2	H	4- NHCOCH -C H_{365}					
242	H	H	NÃO_2	H	2- NHCOCH -C H_{365}					
243	H	H	NÃO_2	H	2-OCH -C H_{365}					
244	H	H	NÃO_2	H	4-OCH -C H_{365}					
245	H	H	NÃO_2	H	2-SCH -C H_{365}					
246	H	H	NÃO_2	H	4-SCH -C H_{365}					
247	H	H	NÃO_2	H	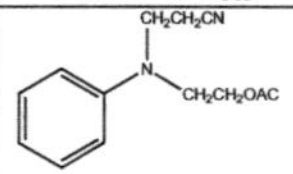	O 2-amino-6-nitrobenzotiazol foi diazotizado num meio com ácido haloacético a 85% aq. e ácido sulfúrico conc. seguido de acoplamento com diferentes aminas para formar corantes azo. Para encontrar uma alternativa benéfica ao ácido fosfórico, como meio para diazotisar aminas heteroaromáticas, um certo número de ácidos orgânicos com uma ionização semelhante constante (Kt) foram estudados	-	^{1}H NMR Espectros de massa M.P.	-	66
248	H	H	NÃO_2	H	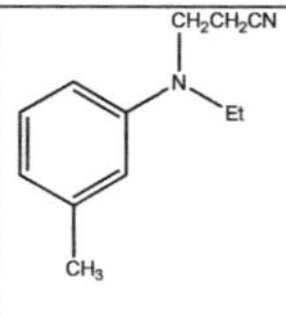					
249	H	H	H	H	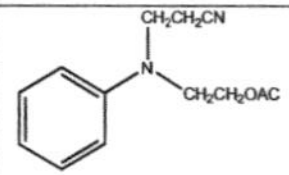					
250	H	H	H	H	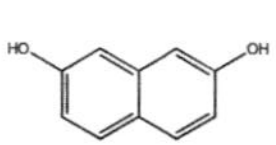	Eletroquímica Foram estudadas as propriedades do reagente azo e do complexo com Fe (III). O reagente azo apresentou um máximo de absorção a 440 nm e reage com $FeCl_3$ .6H2O à	-	FT-IR ^{1}H-NMR[13] CNMR	Fe (III)	67

						temperatura ambiente para dar um complexo colorido a pH 6. O efeito do pH na absorção do complexo formado pela reação do reagente com Fe(III) foi estudado a vários pH.				
251	H	H	H	H	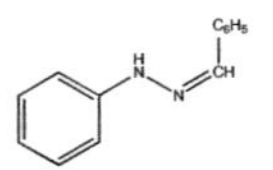	Benzotiazolil azo e Foram preparadas 6-metilbenzotiazolil azo-fenil-hidrazonas de benzaldeído com formazanos no acoplamento de diazónio de benzotiazolina e 6-metilbenzotiazolina sulfatos com benzaldeído fenil-hidrazona. Os compostos sintetizados formam complexos estáveis com diferentes metais.	-	M.P. Análise elementar	Cu Ni Zn Co	68
252	H	H	Eu	H						
253	H	H	F	H	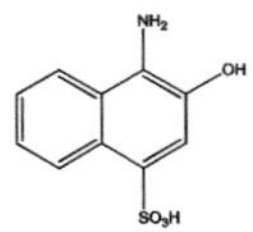	2-Amino benzotiazóis substituídos com sal de diazónio substituído e acoplamento com reagentes mais recentes, ácido 4-amino -3-hidroxi-1-naftaleno sulfónico e 4-amino antipirina.	Os compostos sintetizados mostraram uma atividade moderada contra *E. coli* e uma atividade altamente significativa contra *B. subtilis*, têm grupos electronegativos em comparação com os compostos com grupos halogéneos contra *B. subtilis.* Os compostos mostraram uma atividade moderada a boa contra	Análise elementar ^{13}C-NMR ^{1}H-NMR FT-IR	-	69
254	H	H	Cl	H						
255	Cl	H	Cl	H						
256	H	NÃO 2	H	H						
257	H	H	F	H						
258	H	H	Cl	H						
259	Cl	H	Cl	H						
260	H	NÃO 2	H	H						
261	H	H	F	H						

262	H	H	Cl	H	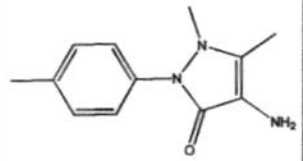		*Eterobactern* e um bom efeito contra *S. aureus* e *E. coli*.			
263	Cl	H	Cl	H						
264	H	NÃO 2	H	H						
265	H	H	H	H	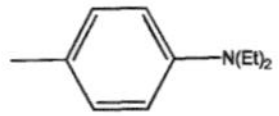	A tendência para a redução eletroquímica e fotoquímica dos corantes azóicos em álcool foi correlacionada com os cálculos químicos quânticos das afinidades electrónicas em GS e ES.	O grupo NO_2 desempenha um papel importante num processo de e- redução, a ligação azo que acomoda principalmente um eletrão adicional e é protonada em radical hidrazilo.	TLC, UV ^{1}H-NMR	-	70
266	H	H	OCH_3	H						
267	H	H	$NÃO_2$	H						
268	H	H	OCH_3	H	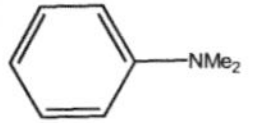	A caraterização foto-física destas moléculas apresentou resultados comparáveis e complementares, permitindo compreender o comportamento foto-físico e melhorar a aplicação.	-	UV-Vis FT-IR ^{13}C-NMR HRMS-ESI	-	71
269	H	H	OCH_3	H	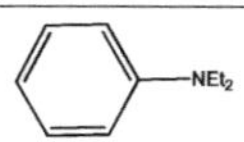					
270	H	H	$NÃO_2$	H						
271	H	H	Br	H						
272	H	H	COOEt	H						
273	H	H	OCH_3	H	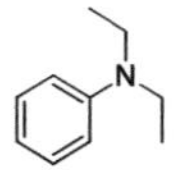					
274	H	H	H	H	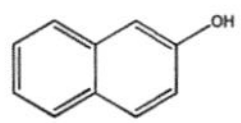	Em condições óptimas, formam-se complexos de cor profunda. Para a microdeterminação de metais, a aplicação do	-	Análise elementar FT-IR pH	Co (II) Cu (II) Fe (III)	72

						método da lei de Beer apresenta várias vantagens: boa seletividade e elevada sensibilidade.				
275	H	H	H	H	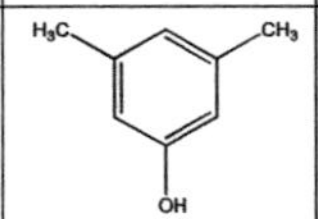	Quelatos metálicos formados com ligandos azo.	Todos os compostos apresentam uma boa atividade antibacteriana contra *S. Aureus, Pseudomonas* e *E. coli.*	UV-Vis FT-IR ^{13}C NMR ^{1}H-NMR Absortividade molar	Co Ni Cu Zn	73
276	H	H	H	H	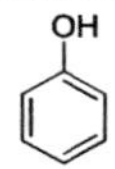	Os compostos termicamente estáveis apresentaram caraterísticas de mesofase de cristais líquidos utilizando DSC e POM. O efeito da posição 6th do substituinte doador de electrões no esqueleto do benzotiazol produziu uma variação considerável na formação da mesofase e nas gamas de temperatura. Os máximos de absorção dos espectros ultravioleta mudaram batocromicamente com a existência de grupos doadores de electrões no esqueleto do benzotiazol,	-	FT-IR ^{1}H NMR ^{13}C NMR TGA POM DSC	-	74
277	H	H	CH_3	H						
278	H	H	OCH_3	H						
279	H	H	$OC\ H_{25}$	H						
280	H	H	H	H	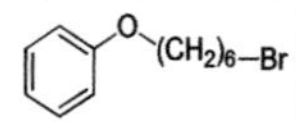					
281	H	H	CH_3	H						
282	H	H	OCH_3	H						
283	H	H	$OC\ H_{25}$	H						
284	H	H	H	H	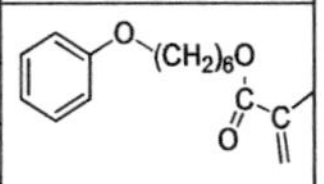					
285	H	H	CH_3	H						
286	H	H	OCH_3	H						
287	H	H	$OC\ H_{25}$	H						

						expondo a maior emissão de fluorescência.				
288	H	H	H	H	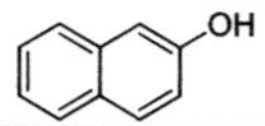	Método de síntese de corantes het-azo, associado ao 2-naftol, 8-hidroxi-quinolina e 2,6-diaminopiridina.	Moléculas biologicamente activas com propriedades antimicrobianas e antioxidantes in vitro mais seguras. Os corantes de azo-benzotiazol são mais seguros até à dosagem máxima. Os estudos de atividade antimicrobiana revelaram que o corante azo com a fração benzotiazol apresentava uma potencial atividade antimicrobiana. Os compostos azóicos são certamente mais promissores na descoberta de um agente antimicrobiano e antioxidante mais seguro.	Análise elementar FT-IR UV-Vis [1] H NMR e massa	-	75
289	H	H	H	H	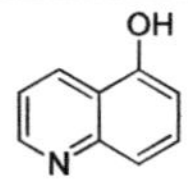					
290	H	H	H	H	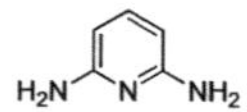					
291	OC H3	H	H	H	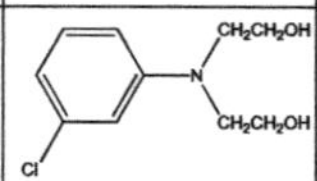	Compostos com boa substantividade para a fibra de poliéster e boa exaustão para produzir tingimento com solidez eficiente à lavagem, solidez moderada à luz, pur-spiração e fricção	-	FT-IR RMN UV-Vis M.P.	-	76
292	OC H3	H	H	H	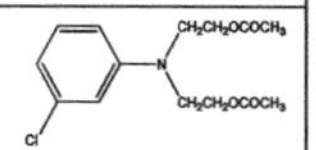					

293	OC H_3	H	88H		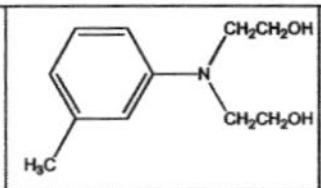	com solidez moderada à sublimação.				
294	OC H_3	H	H		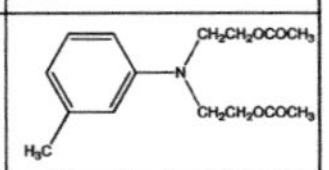					
295	OC H_3	H	H		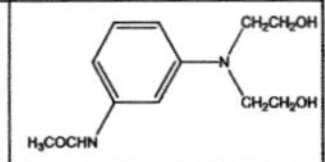					
296	OC H_3	H	H		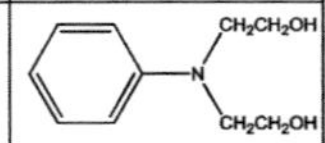					
297	OC H_3	H	H		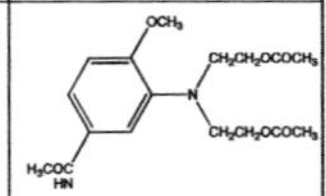					
298	OC H_3	H	H		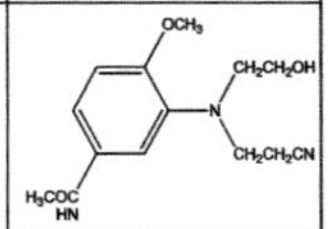					
299	OC H_3	H	H	H	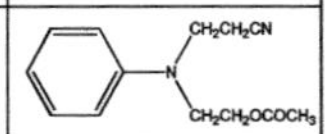					
300	OC H_3	H	H	H	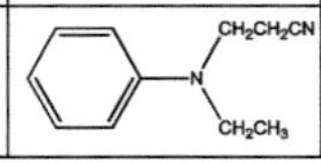					

301	OCH_3	H	H	H	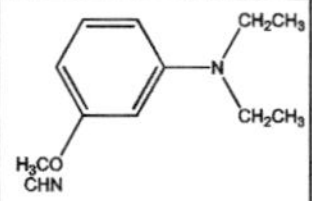					
302	OCH_3	H	H	H	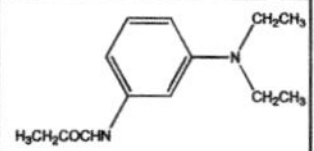					
303	OCH_3	H	H	H	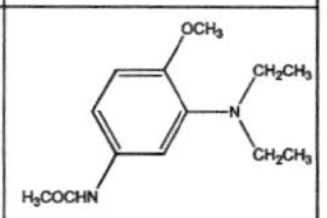					
304	H	H	H	H	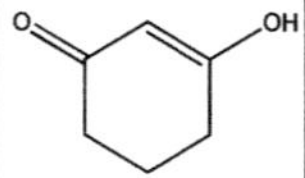	Os complexos de Zn II e Ni II são monobásicos tridentados de coordenação N_2 O, incluindo azo Ns, anel N e carbonilo enolizado O. Os complexos de Cu II estão em conformidade com a estequiometria [CuL(OAc)]. Os quelatos de Zn II têm um comportamento diamagnético e os complexos de Cu II e Ni II têm um comportamento paramagnético.	-	^{1}H-NMR FT-IR ^{13}C-NMR Espectros de massa	Cu II Ni II Zn II	77

305	H	H	F	H	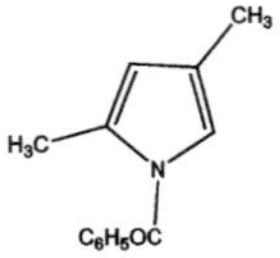	O R-2-aminobenzotiazol reage com acetilacetona, várias hidrazinas para dar diferentes compostos.	Todos os compostos estudados são biologicamente activos.	FT-IR ^{13}C-NMR ^{1} H-NMR Espectro de massa	-	78
306	Cl	H	H	H	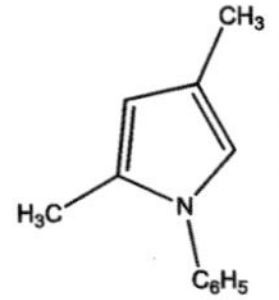					
307	Cl	H	H	H	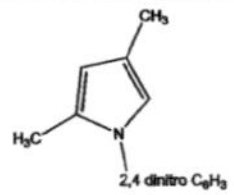					
308	Cl	H	H	H	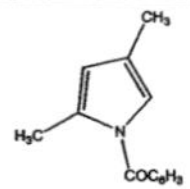					
309	H	H	NÃO$_2$	H	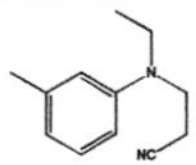	Os corantes têm um baixo potencial de acumulação no tecido lipídico.	-	RMN Espectro de massa DSC	-	79
310	H	Cl	Cl	H	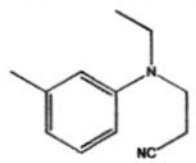					

311	H	H	NÃO$_2$	H	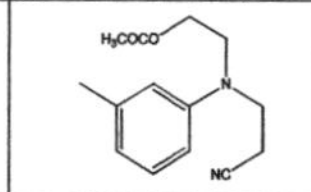					
312	H	H	Cl	H	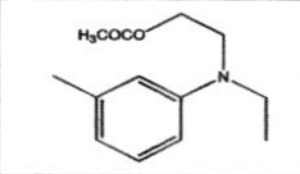					
313	H	H	H	H	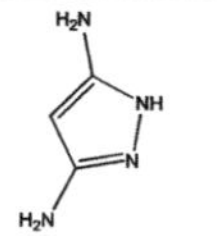	A natureza solvatocrómica dos corantes em (diversos solventes) foi estimada. efeitos de substituintes, bases e ácidos nos máximos de absorção dos corantes.	-	FTIR ^{1}H-NMR ^{13}C-NMR Espectros de massa	-	80
314	H	H	H	H	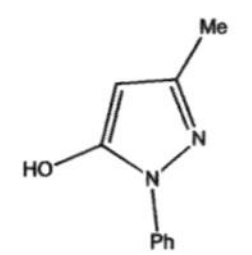					
315	H	H	EtO	H						
316	H	H	H	H	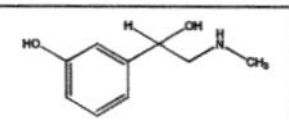	O método proposto é simples e tem boa sensibilidade. O método proposto é vantajoso em relação a alguns dos métodos espectrofotométricos visíveis relatados.	Foram estudadas a exatidão, a precisão e a estabilidade das espécies coradas. O método proposto é adequado para a avaliação da fenilfrina na forma pura e na formulação de gotas nasais sem	UV-Vis	-	81

							interferência dos excipientes.			
317	H	H	H	H	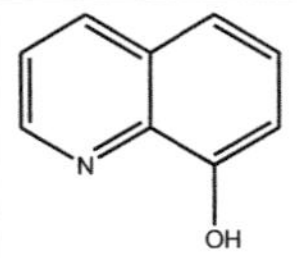	Os espectros de emissão e absorção das moléculas de het-aril-azo-quinolina foram observados em líquidos e solventes líquidos cristalinos.	Espectros Os corantes Het-aril-azo-quinolina foram descritos de acordo com o tautomerismo azo/hidrazona em conjunto e a caraterística solvatocrómica do tautómero preferido.	TLC UV-Vis FT-IR ^{1}H NMR	-	82
318	H	H	OCH_3	H						
319	H	H	$NÃO_2$	H						
320	H	H	Cl	H						
321	H	H	OCH_3	H						
322	H	CH_3	CH_3	H						
323	H	OMe	H	H	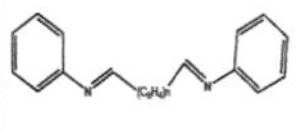	As cores dos corantes azo estudados são violeta a azul, com um coeficiente de extinção molecular elevado entre 2,6 e 4,7. Os corantes apresentaram uma emissão de fluorescência única numa gama de comprimentos de onda de 409-494 nm. Alterações nos espectros de emissão e absorção de alguns corantes - analisados em solventes com diferentes polaridades.	As actividades antibacterianas dos corantes são avaliadas contra bactérias gram-negativas e positivas envolvendo *E. coli*, S. *aureus*, *P. aeruginosa* e *S. epidermidis* e concentrações variadas de corantes exibiram um potencial bacteriano anti-grampositivo.	FT-IR ^{1}H-NMR ^{13}C-NMR	-	83
324	H	OEt	H	H						
325	H	H	H	H						
326	H	$NÃO_2$	H	H						
327	H	OMe	H	H	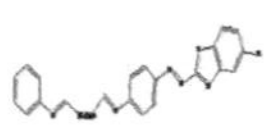					
328	H	OEt	H	H						
329	H	H	H	H						
330	H	$NÃO_2$	H	H						
331	H	H	H	H	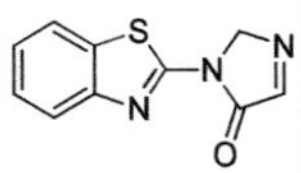	Os espectros de absorção dos corantes são descritos experimentalmente e teoricamente pelos métodos TD-DFT. Os máximos de absorção dos corantes de	-	Elementar análise FT-IR [1] H NMR DFT	-	84
332	H	H	Cl	H						
333	H	H	OCH_3	H						
334	H	Eu	Eu	H						

						het-aril-azo-pirazolona com a fração diazo de benzotiazolil apresentaram desvios batocrómicos porque estes corantes dão facilmente H ácido ao DMSO e ao DMF. A absorção máxima foi obtida com cálculos TD-DFT/B3LYP utilizando o método de não equilíbrio.				
335	H	H	H	H	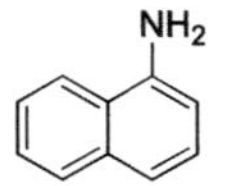	Os corantes de 1-Naftol e 2-Naftol têm as mesmas temperaturas de ponto de fusão, o mesmo peso molecular e a mesma fórmula, mas têm um aspeto diferente e um comprimento de onda de absorção diferente, sendo todas estas alterações devidas à posição do grupo HO- em cada molécula de corante. Os corantes dispersos heterocíclicos têm uma elevada solidez à lavagem para fibras de poliéster, nylon e acrílicas, mas a sua solidez à luz é fraca e todos os corantes	-	Método de Drapkira Temperatura de fusão Absorção da luz	-	85
336	H	H	H	H	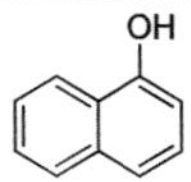					
337	H	H	H	H	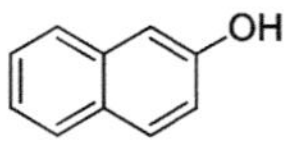					

						são absorvidos na região visível do espetro.				
338	H	H	H	H	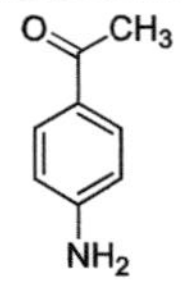	Foram preparados complexos de quelatos metálicos com ligandos. A exploração do potencial antibacteriano e antifúngico foi efectuada em relação ao organismo experimentado. De acordo com os dados dos resultados, foi sugerida uma estrutura octaédrica.	Os novos complexos metálicos sintetizados exibiram potencial atividade antifúngica e antibacteriana contra: *S. aureus, E. Coli, C. albicans* e *C. tropicalis.*	FT-IR UV-Vis ^{13}CNMR ^{1}H NMR Análise elementar	Cu II Zn II Co II Ni II	86
339	H	H	Br	H	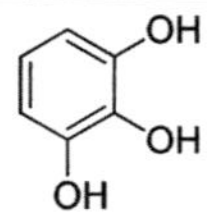	O 2-amino-6-bromobenzotiazole diazotizado é acoplado ao pirogalol para formar o reagente orgânico 4-(6-bromo-2-benzotiazolilazo) pirogalol (4-Br-BTAP).	-	FT-IR, UV-Vis ^{1}H-NMR	Cu (II) Pd (II)	87
340	H	H	Eu	H	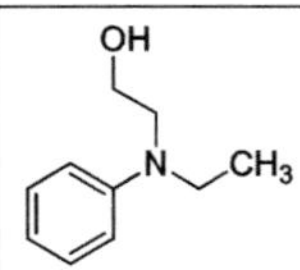	O comportamento solvatocrómico da molécula azo foi estudado por espectros visíveis em alguns solventes orgânicos mistos e puros. Os	-	UV-Vis FT-IR ^{1}H NMR Análise elementar	-	88
341	H	H	Br	H						
342	H	H	Cl	H						

						compostos azo mostraram uma banda nos espectros de absorção eletrónica em todos os meios orgânicos, exceto no ácido acético. Esta banda foi atribuída à variação da transição eletrónica no esqueleto aromático e hetero-aromático, incluindo todos os sistemas electrónicos da molécula. No entanto, no ácido acético, uma segunda banda emλ max mais longo para algumas moléculas.				
343	H	H	H	H	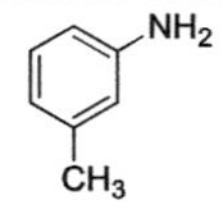	Os corantes sintetizados estudaram a solidez à luz, a transpiração, a sublimação e as propriedades de solidez à fricção. Estes compostos foram utilizados como indicadores em titulações ácido-base. Os corantes foram analisados quanto ao seu potencial antimicrobiano. Os resultados mostram que o	Os corantes apresentam uma boa atividade antibacteriana contra *B. subtilis e S. aureus.*	FT-IR ^{1}H-NMR LC-MS UV-Vis	-	89
344	H	H	H	H	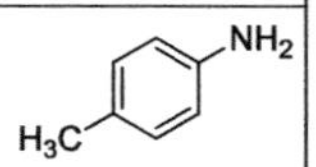					
345	H	H	H	H	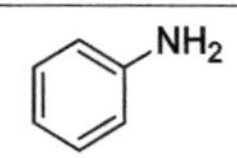					

346	H	H	H	H	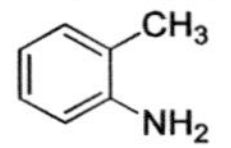	esqueleto de benzotiazol com ligações azo e uma porção aromática com um grupo doador de electrões na posição p pode ser suficientemente importante para o estudo do potencial antimicrobiano.				
347	H	H	H	H	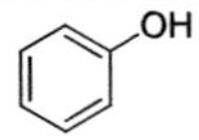					
348	H	H	H	H	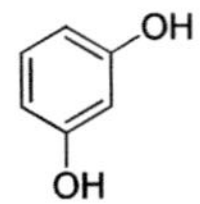					
349	H	H	H	H	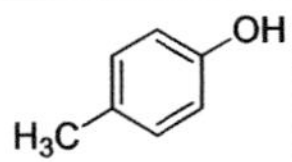					
350	H	H	H	H	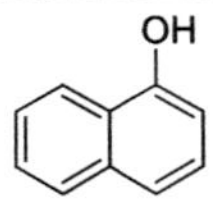					
351	H	H	H	H	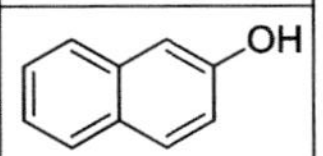					
352	H	H	H	H	Ph	As moléculas foram utilizadas em tintas para impressão de tecidos de algodão e poliamida. Todos estes compostos têm boas	-	M.P. RMN	-	90
353	H	H	H	H	Eu					

						propriedades de resistência à luz.				
354	H	H	H	H	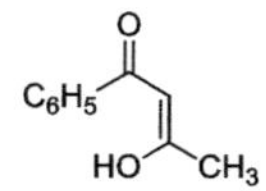	O produto arilazo foi sintetizado através do acoplamento do ião diazónio 2-benzotiazol no grupo metileno ativo da molécula *β->C=O*, como a benzoilacetona, o acetoacetato de metilo e a acetoacetanilida.	-	FTIR ^{1}H-NMR ^{13} C-NMR Espectros de massa	Ni (II), Cu (II) Zn (II)	91
355	H	H	H	H	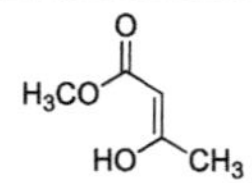					
356	H	H	H	H	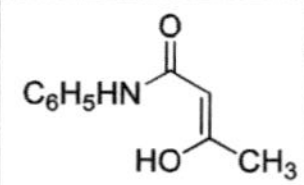					
357	H	H	H	H	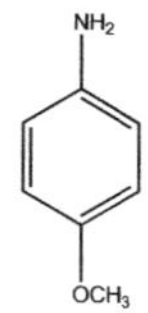	Foram sintetizados quelatos metálicos com os compostos. O rastreio do potencial antimicrobiano foi efectuado contra estirpes experimentais. Foi explorado o potencial antibacteriano e antifúngico dos ligandos e dos complexos metálicos.	Foi estudado o potencial antibacteriano e antifúngico do ligando e dos seus complexos. Entre todos os complexos, o complexo de Zn (II) apresentou um potencial antibacteriano mais elevado através de uma zona de inibição de 15 mm contra *E. coli, Steptococcus sp.* e *S. epidermidis*, em comparação com o ligando e outros complexos. O potencial antifúngico da	M.P. Absorção atómica FTIR UV-vis	Co^{2+} Ni^{2+} Cu^{2+} Zn^{2+}	92

							molécula de Zn (II) de *C. albicans* mostra uma área de inibição mais elevada de 18 mm com maior atividade do ligando e de outros complexos.			
358	H	H	OCH_2CH_3	H	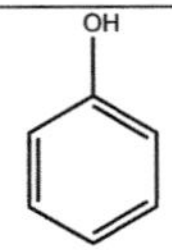	Os valores da temperatura e da entalpia da fase de transição são examinados por um calorímetro de varrimento diferencial (DSC). Temperaturas da fase de transição e correspondente alteração de entalpia para todas as moléculas medidas por DSC. As moléculas desta série indicam uma fase N enantiotrópica. No entanto, algumas delas também apresentam a fase SmA monotrópica.	-	FT-IR, ^1H-NMR ^{13}C-NMR DSC POM	-	93
359	H	H	OCH_2CH_3	H	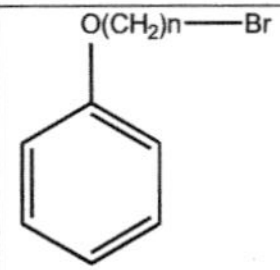 n=5,6,8,9,10,11,12					

360	H	H	H	H	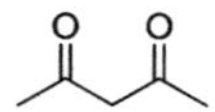	Os complexos apresentam uma coordenação tetradentada dibásica com azoto imino e hidrazona, enquanto os grupos >C=O estão isentos de coordenação.	-	¹H NMR FTIR Espectro de massa	Ni (II), Cu (II) Zn (II)	94
361	H	H	H	H	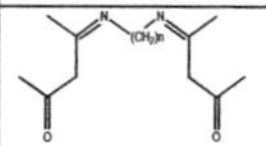					
362	H	H	H	H	$C H_{65}$	Os compostos sintetizados eram potencialmente biologicamente activos e a capacidade de tingimento destes azo-corantes foi verificada através da aplicação de azo-corantes a diferentes naturezas.	Todos os compostos revelam um potencial antibacteriano razoável quando comparados com a ampicilina como controlo padrão, e todos os corantes azóicos revelam uma boa capacidade de tingimento de tecidos de algodão e dão uma tonalidade brilhante. A solidez à luz, à prensagem a quente e à lavagem é razoável. O tingimento foi descarregável e é altamente resistente ao desbotamento ácido e à luz.	FT-IR ¹H-NMR Massa UV	-	95
363	H	H	H	H	2-OHC H_{64}					
364	H	H	H	H	4-ClC H_{64}					
365	H	H	H	H	4-BrC H_{64}					
366	H	H	H	H	4-OCH C H_{364}					
367	H	H	H	H	4-NO_2 C H_{64}					
368	H	H	H	H	N(CH $)_{32}$ 4- C H_{64}					
369	H	H	H	H						
370	H	H	H	H	2- CH_3 , 4-NH C H_{263}					
371	H	H	H	H	3- CH_3 , 2- NH C H_{263}					
372	H	H	H	H	4-NH C H_{264}					
373	H	H	H	H	3- CH_3 , 4- NH C H_{263}					
374	H	H	H	H	4-OH C H_{64}					

375	H	H	H	H	2,4-(OH) C H_{263}					
376	H	H	H	H	5-CH_3 , 2-OHC H_{63}					
377	H	H	H	H	4-OHC H_{106}					
378	H	H	H	H	3-OHC H_{106}					
379	H	CH_3	H	H	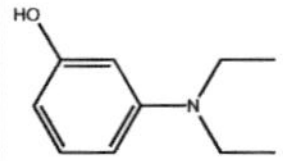	A caraterização de algumas moléculas por difração de raios X de um único cristal revela que têm uma conformação planar semelhante entre as unidades de fenol e benzotiazol, mas um pacote cristalino dimérico diferente. Os espectros electrónicos dos corantes demonstram que a presença de unidades cromóforas N=N e C=N, para além dos efeitos de substituição de várias porções auxocromáticas na espinha dorsal do benzotiazol, provoca uma variação significativa das alterações batocrómicas e hipsocrómicas, apesar de apenas ligeiras diferenças no seu esqueleto molecular.	-	^{1}H-NMR FT-IR UV-Vis Análise elementar Difração de um único cristal de raios X	-	96
380	H	H	H	H						
381	H	NÃO 2	H	H						
382	H	H	CH_3	H						
383	H	H	H	H						
384	H	H	$NÃO_2$	H						
385	H	CH_3	H	H	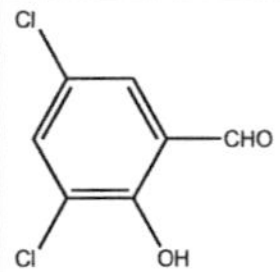					
386	H	H	H	H						
387	H	NÃO 2	H	H						
388	H	H	CH_3	H						
390	H	H	H	H						
391	H	H	$NÃO_2$	H						

392	H	H	H	H	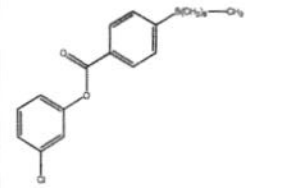	As propriedades mesomórficas das moléculas substituídas são comparadas com as das moléculas-mãe não substituídas para estimar o efeito da natureza dos substituintes laterais. Todos os compostos preparados apresentaram fase nemática enantiotrópica, exceto o EB_1 -OH.	-	^{1}H-NMR Espectros de massa Análise elementar	-	97
393	H	H	H	H	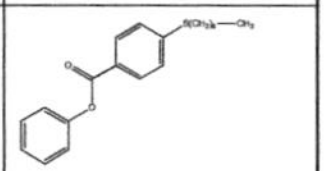					
394	H	H	H	H	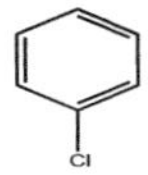					
395	H	H	H	H						
396	H	H	H	H	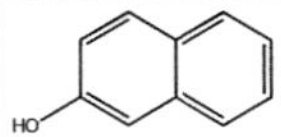	As moléculas de quelatos de iões metálicos são mais tóxicas para o mesmo microrganismo em condições experimentais. O aumento do potencial antifúngico dos quelatos metálicos pode dever-se ao efeito do ião metálico no processo celular normal.	A atividade biológica do ligando e dos complexos foi estudada contra diferentes tipos de fungos e bactérias, incluindo Staphylococcus, S. marcescens, Klebsiella e P. aeruginosa.	UV-Vis FTIR ^{1}HNMR	Fe^{+3} Cr^{+3} Co^{+2} Ni^{+2} Cu^{+2}	98

6. Abreviaturas

E. coli	: *Escherichia coli*
S. pyogenes	: *Streptococcus pyogenes*
P. vulgaris	: *Proteus vulgaris*
E. faecalis	: *Enterococcus faecalis*
B. subtilis	: *Bacillus subtilis*
C. albicans	: *Candida albicans*
S. aureus	: *Staphylococcus aureus*
P. aeruginosa	: *Pseudomonas aeruginosa*
CT	: Charge Transfer
DC	: Direct Current
GS	: ground states
ES	: excited states
M.P.	: Melting Point
FTIR	: Fourier Transform Infrared Spectroscopy
UV-Vis	: Ultra Violet Visible
NMR	: Nuclear Magnetic Resonance
TGA	: Thermogravimetric Analysis
POM	: Polyoxymethylene
DSC	: Differential Scanning Calorimetry
SAR	: Structural Activity Relationship
SmC	: Smectic C
SmA	: Smectic A
N	: Nematic
LDL	: Low-density lipoproteins
HDL	: Heigh-density lipoproteins
DFT	: Density Functional Theory
TD-DFT	: Time Dependent Density Functional Theory
HRS	: Hyper-Rayleigh scattering
SAXS	: Small-angle X-ray Scattering
FMO	: Frontier Molecular Orbitals
SPR	: Structural Property Relationship

7. Conclusão

Os compostos azóicos sintetizados a partir do 2-aminobenzotiazol são úteis para muitas aplicações. As cores dos corantes dos compostos azóicos têm tonalidades diferentes e, por isso, são utilizados para tingir fibras têxteis animais, para a quelação. Sais farmaceuticamente aceitáveis e facilmente solúveis, pró-fármacos poliméricos biodegradáveis, actividades antifúngicas e anti-helmínticas e a sua capacidade de tingimento, para actividades antioxidantes. Em solução básica, os compostos azóicos formam-se normalmente a partir de sais facilmente dissolvíveis com cor forte. Os derivados azóicos também são utilizados como pró-fármacos. Da mesma forma, estes compostos também serviram de bloco de construção para muitos outros produtos finais aplicáveis, atualmente no domínio farmacêutico. O presente artigo de revisão dá uma visão geral ou detalhada dos azo-benzotiazóis sintetizados e da sua utilização em várias reacções.

Os compostos sintetizados a partir dos derivados azóicos do azo-benzotiazol foram valiosos para muitas aplicações na indústria, devido às propriedades de permuta iónica dos polímeros. As actividades antibacteriana, antifúngica e antioxidante.

Assim, esta revisão pode ser benéfica para muitos investigadores para futuros desenvolvimentos do azo-benzotiazol e suas diferentes reacções para dar vários derivados aplicados num futuro próximo.

8. Referências

1. Griess J. P., Vorläufige Notiz über die Einwirkung von salpetriger Säure auf Amidinitro- und Aminitrophenylsäure, Annalen Der Chemie Und Pharmacie, 1858, **106(1)** 123-125, doi: 10.1002/jlac.18581060114.
2. Griess J. P., Philos. Trans. R. Soc. London, 1864, **164**, 667-731.
3. Griess J. P., Ann. Chem. Justus Liebigs, 1866, **137**, 3991.
4. Doyle M. P., Siegfried B., Dellaria J. J. F., Alkyl Nitrite-Metal Halide Deamination Reactions. Desaminação substitutiva de arilaminas por nitritos de alquilo e halogenetos de cobre (II). Uma conversão direta e extraordinariamente eficiente de arilaminas em halogenetos de arilo, J. Org. Chem., 1977, **42**, 2426-2431.
5. Doyle M. P., Dellaria J. J. F., Siegfried B., Bishop S. W., Reductive Deamination of Arylamines by Alkyl Nitrites in N, N-Dimethylformamide. A Diret Conversion of Arylamines to Aromatic Hydrocarbons, J. Org. Chem., 1977**, 42**, 3494-3498.
6. a) Sandmeyer T. Ber. Dtsch. Chem. Ges., 1884, 17(4) 2650-2653, doi,10.1002/cber.188401702202, Ueber die Ersetzung der Amid-gruppe durch Chlor, Brom und Cyan in den aromatischen Substanzen, b) www.name-reaction.com/sandmeyer-reaction (visitado em 11-12-2021).
7. Sandmeyer T. Ber. Dtsch. Chem. Ges., 1884, 17(3) 1633-1635, doi: 10.1002/cber.18840170219, Ueber die Ersetzung der Amidgruppe durch Chlor in den aromatischen Substanzen.
8. Kikukawa K., T. Matsuda, Chem. Lett., 1977, 159-162.
9. Kikukawa K., Nagira, K., Matsuda, T., Palladium(O)-Catalyzed Arylation of Unsaturated Compounds with Arenediazoium Salts, Tetrahedron, 1981, **37**, 31-36.
10. Zollinger H., Colour Chemistry-Synthesis, Properties of Organic Dyes and Pigments. VCH Publishers, Nova Iorque, 1987, 92-100.
11. Browing C. H., Cohen J. B., Ellingworth S., Gulbransen R., The antiseptic properties of the amino derivatives of styryl and anil quinoline, Journal Storage, 1926, **100**, 293-325
12. Child R. G., Wilkinson R. G., Tomcu-Fucik A., Effect of substrate orientation of the adhesion of polymer joints, Chem. Abstr., 1977, **87**, 6031.
13. Pagga U., Brown D., The degradation of dyestuffs in aerobic biodegradation tests, Chemosphere, 1986, **15**, 479-491.
14. Khalid A., Arshad M., Crowley D. E., Accelerated decolorization of structurally different azo dyes by newly isolated bacterial strains, Appl. Microbiol. Biotech, 2008, **78**, 361-369, doi: 10.1007/s00253-007-1302-4.
15. Garg H. G., Prakash C., Preparation of 4-arylazo-3,5-disubstituted-(2H)-1,2,6-thiadiazine 1,1-dioxides, J. Med. Chem., 1972, **15**(4) 435-436.
16. Park C., Lim J., Lee Y., Lee B., Kim S., Lee J., Kim S., Otimização e morfologia para a descoloração do preto reativo 5 por Funalia trogii, Enzy. Microb. Tech., 2007, **40**, 1758-1764, doi: 10.1016/j.enzmictec.2006.12.005.

17. Chandravadivelu G., Senniappan P., In-vitro antimicrobial activity of novel derivative of azo dye from cyano ester, Int. J. Res. Pharm. Chem., 2011, **1**(4) 1082-1086.
18. Chopde H. N., Meshram J. S., Pagadala R., Mungole A. J., Síntese, caraterização e atividade antibacteriana de alguns novos corantes azo-azoimina de 6-bromo-2-naftol, Int. J. Chem. Tech. Res., 2010, **2**(3) 1823-830.
19. Swati G., Karnawat R., Sharma I. K., Verma P. S., Síntese, Caracterização e Rastreio Antimicrobiano de Alguns Compostos Azo, Int J. Appl. Biol Pharma. Techn., 2011, **2**(2) 332-338.
20. Wilson C. O., Givold O., Text book of Organic Medicinal and pharmaceutical Chemistry, Pitman Medical Publishing Co. ltd, Londres, Reino Unido, 1966.
21. Patil C. J., Patil P. A., Patil P. B., Patil M. C., Reacções de Acoplamento Envolvendo Sal de Arildiazónio, Parte I. Síntese quimiosselectiva de derivados de éster etílico de 3-Oxo-(substituído-2-fenilazo)-butíricoácido e sua atividade antibacteriana, Der. Chemica. Sinica, 2015, **6**(5) 108-114.
22. Patil C. J., Patil M. C., Pachpol N. R., Waykole V. S., Reacções de Acoplamento Envolvendo Sal de Arildiazónio, Parte II. Condensação Quimiosselectiva com Acetilacetona e Atividade Antibacteriana, Der. Chemica. Sinica, 2015, **6**(5) 115-121.
23. Patil C. J., Talele D. S., Talele S. P., Pohekar P. R., Patil A. S., Reacções de Acoplamento Envolvendo Reacções de Sal de Arildiazónio, Parte-IV. Síntese Quimiosselectiva e Atividade Antibacteriana de 3-(Substituído-fenilazo)-pentano-2,4-dona, Int. J. Pharm. Sci. Rev. Res., 2017, **45**(1) 64-73.
24. Patil C. J., Talele D. S., Talele S. P., Pohekar P. R., Kolhe D. S., Coupling Reactions Involving Reactions of Aryldiazonium Salt, Part-VII. Produto da reação de cloreto de aril diazônio com grupo metileno ativo contendo porção, J. Pharm. Sci. Res., 2019, **11** (6) 2213-2219.
25. Patil C. J., Patil M. C., Rane V., Mahajan K., Nehete C. A., Reacções de Acoplamento Envolvendo Reacções de Sais de Aryldizonium, Parte III. Condensação quimiosselectiva com β-naftol para sintetizar Sudan-I, suas derivações nitro e potencial antibacteriano, Int. J. Chem. Biol. Phy. Envir. Sci., 2015, **5**(4) 3860-3867.
26. Patil C. J., Waghulade G. P., Patil M. C., Patil Mru. C., Reacções de Acoplamento Envolvendo Reacções de Sal de Aryldiazónio, Parte-V. Síntese Quimiosselectiva de 1-(Substituído-fenil)-azo-naftaleno-2-ol, Int. J. Pharm. Res. Rev., 2017, **45**(2) 21-28.
27. Patil C. J., Waghulade G. P., Patil M. C., Reacções de Acoplamento Envolvendo Reacções de Sal de Aryldiazonium, Parte-VI. Condensação Quimiosselectiva com Resorcinol, Int. J. Green Herbal Chem, 2017, **6**(2) 5-14, doi: 10.24214/IJGHC/GC/6/2/0514.
28. Al-Rubaie L. A. R., Mhessn R. J., Síntese e caraterização do corante azo para vermelho e novos derivados, E-J. Chem., 2012, **9**(1) 465-470.
29. Shridhar A. H., Keshavayya H., Hoskeri H. J., Ras A., Síntese de alguns novos derivados de corantes azo bis 1,3,4-oxadiazol fundidos como potentes agentes antimicrobianos, Int. Res. J. Pure Appl. Chem., 2011, **1**(3) 119-129, doi: 10.9734/IRJPAC/2011/493.

30. Nehete C. A., Patil C. J., Reacções de Acoplamento Envolvendo Reacções de Sal de Aryldiazonium, Parte-IV. Síntese de novas Azo-Anilinas a partir de diferentes Anilinas Substituídas e estudo da sua Atividade Biológica, Int. J. Pharma Biol. Arch., 2017, **8** (1) 20-26.
31. Heinrich Z., Color Chemistry, Synthesis, Properties and Applications of Organic Dyes and Pigments, VCH, Angew. Chem. Int. Ed., 2004, **43**, 5290 - 5292.
32. Brode W. R. , Gould J. H. , Wyman G. M., The Relation between the Absorption Spectra and the Chemical Constitution of Dyes. XXV. Fototropismo e Isomerismo cis-trans em Compostos Azo Aromáticos, J. Am. Chem. Soc., 1952, **74**(18).
33. Elisangela F., Andrea Z., Fabio D. G., Cristiano R. M., Regina D. L., Artur C. P., Biodegradação de corantes azo têxteis por uma estirpe facultativa de Staphylococcus arlettae VN-11 utilizando um processo sequencial microaerófilo/aeróbio, Int. Biodeter. Biodegrad., 2009, **63**, 280-288.
34. Patil C. J., Nehete C. A., The Azo Derivatives of Salicylic Acid, Int. J. Pharm. Sci. Rev. Res., 2015, **33**(2) 248-256.
35. Kyriaki G., Ioannis E., Tsatsaroni E., Propriedades de cor e tingimento de corantes dispersos de hetarylazo, avaliação visual e instrumental, Am. J. Appl. Chem., 2014, **2**(2) 33-37.
36. Keerthi Kumar C. T., Keshavayya J., Rajesh. T e Peethambar S. K., Síntese, Caracterização e Atividade Biológica de Corantes Azo Heterocíclicos Derivados do 2-Aminobenzotiozol. Int. J. Pharma. Sci. 2013, 5(1)296-301.
37. Raposo M. Manuela M. , Castro R. Cidália M., Fonseca C. Maurício A., Schellenberg P., Belsley M., Conceção, síntese e caraterização das propriedades electroquímicas, ópticas não lineares e estudos teóricos de novos corantes azóicos de tienilpirrol com grupos aceitadores de benzotiazol. Tetrahedron 2011, 67(29) 5189-5198, doi, 10.1016/j.tet.2011.05.053.
38. Maliyappa M.R., J Keshavayya, Shoukat Ali R.A, Harisha S, Síntese, Caracterização, Solvatocrómico e Estudos biológicos de novos corantes azóicos à base de benzotiazol, J. Chem. e Pharm. Sci., 2017.
39. Abood Z. H., Qabel H. A. e Ali H. R., Síntese por micro-ondas de 2,3-Dissubstituídas-5-metil-1,3-imidazolidinas-4-onas com a porção benzotiazol e avaliação elementar da sua ação antibacteriana. J. Phy. Conf. Series.2018, 1032, 012058, doi: 10.1088/1742-6596/1032/1/012058.
40. Bele D. S., Kothari H. e Singhvi I., Síntese e atividade antimicrobiana de alguns derivados de Benzotiazol. Int. J. Pharma. Chem. Sci. 2012, 1(4) 1238-1242.
41. Chakraborty A., Saha P. K. e Datta C., Síntese e aplicação de corantes de azo-naftol em tecidos de lã, seda e nylon, 7th Int. Conf. TEXSCI, 6-8, Liberec, República Checa. Rep. Checa, 2010.
42. Prakash S., Somiya G., Elavarasan N., Subashini K., Kanaga S., Dhandapani R., Sivanandam M., Kumaradhas P., Thirunavukkarasu C., Sujatha V., Síntese e caraterização de novos compostos azóicos bioactivos fundidos com benzotiazol e suas aplicações biológicas versáteis. J. Mol. Struct. 2020, 1224, 129016.

43. Misra A. and Shahid M., Chromo and Fluorogenic Properties of Some Azo-Phenol D erivatives and Recognition of Hg^{2+} Ion in Aqueous Medium by Enhanced Fluorescence. J. Phys. Chem. 2010, 114, 16726-16739.

44. Weaver M. A. e Shuttleworth L., Heterocyclic diazo components. Dyes and Pigments 1982, 3(2) 81-121, doi, 10.1016/0143-7208(82)80016-8.

45. Şener N., Gür M., Çavuş M. S., Zurnaci M. e Şener İ., Síntese, caraterização e cálculo teórico de novos corantes azóicos derivados de [1,5-*a]* pirimidina-5-ona com propriedades solvatocrômicas J. Heterocyc. Chem., 2019, doi: 10.1002/jhet.3497.

46. Rafael Vasconcelos Oliveira e Valfredo Azevedo Lemos, Capítulo 12, Síntese de um Novo Sorvente Baseado em PUF Enxertado para Aplicação na Extração em Fase Sólida de Cádmio e Chumbo, **doi:** 10.5772/36501.

47. Peters A.T., Chisowa E., Disazo disperse dyes derived from 5,6(6,7)-dichloro-2-aminobenzothiazole. Dyes and pigments 1996, 31(2) 131-139, doi: 10.1016/0143-7208(95)00097-6.

48. Abood Z. H. , Hussain N. M. A. , Suhail H. A. e Khalaf S. D., Síntese de alguns novos tetrazóis 1,5-dissubstituídos a partir de 2-aminobenzotiazol. Actas da Conferência AIP 2020, 2290, 030033, doi: 10.1063/5.0027663.

49. Maria-Marcela P., Corneliu C., George M., Tefan T., Luigi S., Coloranþivbenzotiazolici acizi pentru vopsirea suporturilor proteice, Rev. Chim., 2007, 58(10) 972-9777.

50. Mistry M. H., Parmar S. J., Desai G. C., Síntese de alguns compostos heterocíclicos e estudos da sua eficácia antimicrobiana, J. Chem. Pharm. Res., 2011, 3 (4) 831-837.

51. Dzultharnien N.S.F., Karim Md. R., Zahid N. I., Rahman N.M.M.A., Abdullah I. e Salleh N. M., Propriedades ópticas de polímeros cristalinos líquidos de cadeia lateral de azo aminobenzo tiazol efeitos de solventes, substituintes e torneiras, J. Fluros. 2019, doi: 10.1007/s10895.

52. Todor G. D., Dimitar S., Preparação de corantes azo catiónicos derivados de 2-amino-6-(2-cloroetoxi) benzotiazol e 2-amino-4-(2-hidroxietoxi) benzotiazol. Dyes and pigments.1998, 38(1-3) 115-125, doi: 10.1016/s0143-7208(97)00091-0.

53. Naoki S. e Toyozo U., Studies on Benzothiazole Derivatives as Chelating Agents, Syntheses of Benzothiazole Derivatives and Their Reactions with Metal Ions. Chem. Pharm. Bull. 1973, 21 (1) 184-190.

54. Nagaraja O., Bodke Y. D., Pushpavathi I., Kumar S. R., Síntese, caraterização e investigações biológicas de compostos heterocíclicos potencialmente bioactivos contendo 4-hidroxi cumarina. H Heliyon, 2020, 6, e04245.

55. Sushama P. G., Dorothy A. M. e Alaudeen M., Antimicrobial and Antifungal Activity of Mn (III) Complexes of 2,5-Dihydroxy-3-undecyl-1,4-benzoquinone Derivative. Asian J. Chem. 2007, 19(5) 3403-3406.

56. Belmar J., Parra M., Zuâ Nä Iga C., Peâ Rez C., Munä Oz C., Novos cristais líquidos contendo a unidade benzotiazol, amidas e compostos azo. Liquid Crystals 2010, 26(3) 389-396, doi: 10.1080/026782999205164.

57. Matsui M., Kamino Y., Hayashi M., Funabiki K., Shibata K., Muramatsu H., Abe Y. e Kaneko M., Fluorine-containing benzothiazolyl bisazo dyes-their application to guest-host liquid crystal displays. Liq. Cryst. 1998, 25(2) 235-240, 1998, doi: 10.1080/026782998206380.
58. Peters A. T. & G. Adam, Disperse Dyes, 4-Hetarylazo Derivatives from N-P-Cyanoethyl-N-P-Hydroxyethylaniline. J. Chem. Tech. Biotechnol. 1992, 53, 301-308.
59. Georgiadou K. L., Tsatsaroni E. G., Kehayoglou A. H., Síntese e Caracterização de Corantes Dispersos Hetarylazo Derivados de N-β-Acetoxietilanilinas Substituídas - Aplicação em Acetato de Celulose, J. Appl. Polym. Sci., 2004, 92, 3479-3483.
60. Yahyazadeh A., Yousefi H., Nezhadmehdipour Z., Síntese, Caracterização Espectral e Atividade Antimicrobiana de Novos Corantes Hetarylazoindole de Alguns Derivados de 2-Aminobenzotiazol, J. Color Sci. Tech., 2015, 9, 125-133.
61. Kumar V., Keshavayya J., Pandurangappab M., Ravi B. N., Síntese, caraterização e investigações eletroquímicas de corantes Azo derivados de 2-amino-6-etoxibenzotiazol, Chem. Data Coll., 2018, doi: 10.1016/j.cdc.2018.07.002.
62. Ebead Y. H., Salman H. M. A., Khodari M., Ahmed A. A., Investigações espectrofotométricas do papel do solvente orgânico nas constantes de dissociação ácida de alguns corantes azo derivados do 2-aminobenzotiazol, J. Mol. Liq., 2010, 154, 52-57.
63. Nourmohammadian F., Novos corantes benzothiazol e 1,2,4-triazol substituídos por Aza, síntese, caraterização e propriedades, Prog. Color Colorants Coat., 2013, 6, 37-49.
64. Faustino H., El-Shishtawy R. M., Reis L. V., Santos P. F., Almeida P., 2-Nitrosobenzotiazóis, sínteses úteis para novos corantes azobenzotiazóis, Tetra. Lett., 2008, 49(48) 6907-6909, doi: 10.1016/j.tetlet.2008.09.096.
65. Faustino H., Brannigan C. R., Reis L. V., P. Santos F., Almeida P., Novel azobenzothiazole dyes from 2-nitrosobenzothiazoles, Dyes Pigm., 2009, 83(1) 88-94, doi: 10.1016/j.dyepig.2009.03.018.
66. Jolanta S. G., Harold S. F., A new medium for the diazotization of 2-amino-6-nitrobenzothiazole and 2-aminobenzothiazole. dyes and pigments 1992, 20(2) 137-145, doi: 10.1016/0143-7208(92)85006-8.
67. Khazal F. A., Hussain J. M. e Khazal H., Novel Cyclic Voltammetry Behavior of 3-Benzothiazol-2- Diazenylnaphthalene-2,7-Diol and Use It for Spectrophotometric Determination of Iron (III) In Blood Sample. J. Phys. Conf. Ser., 2019, 1294 052005, doi: 10.1088/1742-6596/1294/5/052005.
68. Shegal L. M., Shegal I. L., e Bednyagina N. P., Research in the Benzazole and Naphthazole Series XXXIII. Formazans assimétricos contendo anéis de benzotiazol substituídos. Plenum Publishing Corporation. 1972, UDC 547.789.6.
69. Hamzah M. A. M., Jebur I. K., Ahmed A. K., Síntese, Caracterização e Avaliação da Atividade Biológica de Alguns Novos Derivados Azo de 2-Amino Benzotiazol e seus Derivados, KUJSS, 2018, **13**(1) 212- 227.

70. Podsiadły R., Sokołowska J., Marcinek A., Zielonka J., Socha A., Kazmiersk M., A relação entre a redução eletroquímica e fotoquímica de alguns corantes azo derivados do 2-aminobenzotiazol, J. Photochem. Photobio, 2005, **171**, 69-76.

71. Coelho F. L., Braga C. de Á., Zanotto G. M., Gil. E. S., Campo L. F., Gonçalves P. F., Rodembusch F. S., Santos F., Sensor ótico de baixo pH baseado em corantes azóicos benzotiazóis, Compu. Photochem. Photophy, 2018, 259, 514-525, doi: 10.1016/j.snb.2017.12.097.

72. Mohamed T. Y., Síntese e Estudos Espectrais de iões Co (II) Cu (II) e Fe (III) com 2(2'-Hidroxinaftil azo-) Benzotiazol, Egito. J. Chem., 2014, **57**(1) 1-10.

73. Jarad A. J., Majeed I. Y., Hussein A. O., Síntese e estudos espectrais de complexos de corantes azo heterocíclicos com alguns metais de transição, J. Phy. Conf. Series, 2018, **1003**, 012021, doi: 10.1088/1742-6596/1003/1/012021.

74. Karim Md. R., Sheikh K. R. Md., Salleh N. M., Hassan R. Y. A., Hoque Md. A., Síntese e caraterização de macromers de cristal líquido baseados em cromóforo azo benzotiazol, Efeitos de substituintes no anel benzotiazol e grupo terminal em propriedades mesomórficas, térmicas e ópticas, Materials Chem. Phy., 2013, **140,** 543-552.

75. Keerthi Kumar C. T., Keshavayya J., Ravi B. N., Patil S. R., Síntese, Caracterização e Estudos Biológicos de Corantes Azobenzotiazóis, Int. J. Inno. Res. Delop., 2016, **5**(11).

76. Dalal M. M., Desai K. R., Heteroaryl disperse dyes derived from 2-aminobenzothiazole and their application on polyester fibre, Ind. J. Fibre Tex. R., 1996, **21**, 161-164.

77. Ummathur M. B., Babu D. K., Krishnankutty K., Heteroaryl azo derivatives of cyclohexane-1,3-dione and their metal complexes, J. Serb. Chem. Soc., 2014, **79**(3) 303-311.

78. Sareen V., Khatri V., Shinde D., Sareen S., Síntese de alguns novos derivados de dimetil azopirazol como agente antifúngico, Ind. J. Chem., 2011, **50B**, 937-940.

79. Makwana U. C., Thaker B. T., Patel B. S., Dhimmar Y., Chothani N. J., Solanki D.B., Patel N., Patel K. B., Estudos mesomórficos de novos azomesogénios com um núcleo de benzotiazol, Síntese e caraterização, Liq. Cryst., 2012, **40**(40) 237-248, doi: 10.1080/02678292.2012.737478.

80. Karcı F., Karcı F., Synthesis and absorption spectra of some novel heterocyclic disazo dyes derived from pyridone and pyrazolone derivatives, Dyes Pigm., 2008, **76**(1) 147-157, doi: 10.1016/j.dyepig.2006.07.029.

81. Othman N. S., Noha T. H., Fatah A., Determinação Espectrofotométrica do Cloridrato de Fenilefrina por Acoplamento com 2-Aminobenzotiazol Diazotizado, J. Raf. Sci., 2009, **20**(4) 69-81.

82. Gilani A. G., Moghadam M., Zakerhamidi M.S., Moradi E., Solvatocromismo, tautomerismo e dicroísmo de alguns corantes azo quinolina em líquidos e cristais líquidos, Dyes Pigm., 2012, **92**, 1320-1330.

83. Nourmohammadian F., Alikhani M. Y., Gholami M. D., Abdi A. A., Benzothiazole-Based Bis-azo Cationic Fluorescent Dyes with Extended Conjugated Systems, Synthesis and Properties, J. Appl. Sol. Chem. Mode., 2015, **4**, 83-94.

84. Aktan E., Uyar T., corantes de pirazolona Hetarylazo baseados em sistemas de anéis de benzotiazol e benzimidazol, síntese, investigação espectroscópica e estudo computacional, J. Chem., 2017, Artigo ID 8659346, doi: 10.1155/2017/8659346.

85. Abdullahi H. J., Síntese e estudo das propriedades de tingimento de heterocíclicos derivados do 2-aminobenzotiazol, Int. J. Adv. Res., 2019, **7**(5) 1054-1059, doi: 10.21474/IJAR01/9135.

86. Al-Zinkee J. M. M., Jarad A. J., Síntese, Estudos Espectrais e Avaliação Microbiana de Complexos de Ligandos de Corante Azo com Alguns Metais de Transição, J. Pharm. Sci. Res., 2019, **11**(1) 98-103.

87. Naser N. A., Kahdim K. H., Taha D. N., Caracterização da síntese de um reagente orgânico 4-(6-bromo-2benzothiazolylazo) pyrogallol e sua aplicação analítica, J. Oleo Sci., 2012, **60**(7) 387-392.

88. Moradie E. O., Rufchahi H. Y., Mohammadini M., Síntese e propriedades espectrais de alguns corantes azo dispersos contendo uma porção de benzotiazol, J. Mol. Liq., 2013, **188**, 173-177, doi: 10.1016/jmolliq.2013.08.21.

89. Awale A. G., Gholse S. B., Utale P. S., Síntese, Propriedades Espectrais e Aplicações de Alguns Corantes Monoazo Mordentes e Dispersos derivados do2-Amino-1,3-benzotiazol, Res. J. Chem. Sci., 2013, **3**(10) 81-87.

90. Ahmed K., Shahin A, Ragheb A. El-Hennawi H., Uma síntese fácil com uma etapa de corantes Azo dispersos a serem aplicados como nanotintas na impressão têxtil, Biointerface Res. Apple. Chem., 2021, **11**(4) 11713-11723.

91. Krishnankutty K., Ummathur M. B., Babu D. K., Benzotiazolil azo derivados de alguns compostos β-dicarbonílicos e seus complexos de Cu (II) Ni (II) e Zn (II), J. Serb. Chem. Soc., 2010, **75**(5) 639-648, doi: 10.2298/JSC090816040K.

92. Dahi M. A., Jarad A. J., Síntese, caraterização e avaliação biológica de complexos de ligandos tiazolil azo com alguns iões metálicos, J. Phy. Conf., 2020, **1664**, 012090, doi: 10.1088/1742-6596/1664/1/012090.

93. Alshargabi A, Yeap G. Y., Takeuchi D., Masato M., Síntese e Efeito da Cadeia Terminal no Comportamento de Transição de Fase dos Éteres Benzotiazol-Fenil com Pontes Azo, Mol. Cryst. Liq. Cryst., 2013, **575**, 128-139, doi: 10.1080/15421406.2013.766919.

94. Basheer U. M., Sayudevi P., Krishnankutty K., Bases de Schiff de 3-[2-(1,3-benzotiazol- 2-il) hidrazinilideno] pentano-2,4-diona com diaminas alifáticas e seus complexos metálicos, J. Argentine Chem. Soc., 2009, **97**(2) 31-39.

95. Awale A. G., Gholse S. B., Utale P. S., Síntese, Caracterização e atividade antimicrobiana de 2- Amino-1,3-benzotiazol, bases de Schiff e corantes Azo de 2-Amino- 1,3-benzotiazol, IOSR-JPBS 2013, **6**(2) 01-07.

96. Tao T, Xu F., Chen X.C., Liu Q. Q, Huang W, Xiao Z. Y., Comparações entre corantes azo e bases de Schiff com o mesmo esqueleto de benzotiazol/fenol, Sínteses, estruturas cristalinas e propriedades espectroscópicas, Dyes Pigm., 2012, **92**, 916-922, doi: 10.1016/j.dyepig.2011.09.008.

97. Al-Hamdani U. J., Abbo H. S., Al-Jaber A. A., Salam J. J. T., Novos cristais líquidos à base de azo-benzotiazol, síntese e estudo do efeito de substituintes laterais em seu comportamento cristalino líquido, Liq. Cryst., 2020, **47**, 2257-2267, doi: 10.1080/02678292.2020.1766134.
98. Mohammed H. H., Mageed Z. N., Najim M., Síntese e estudo da atividade biológica de complexos de 1-[4,5,6,7-tetrahidro-1,3-benzotiazol-(2-yldiazenil)]-2-naftol, J. Chem. Pharm. Res., 2013, **5**(11) 711-720.

MIX
Papier aus verantwortungsvollen Quellen
Paper from responsible sources
FSC® C105338

Printed by Books on Demand GmbH, Norderstedt / Germany